Untersuchungen zur Minderung von durch Störaerosole bedingten Fehlalarmen bei optischen Rauchmeldern

Von der Fakultät für Ingenieurwissenschaften,
Abteilung Elektrotechnik und Informationstechnik der
Universität Duisburg-Essen
zur Erlangung des akademischen Grades eines

Doktor-Ingenieurs

genehmigte Dissertation

von

Thorsten R. P. Schultze
aus
São Paulo

1. Gutachter: Prof. Dr.-Ing. Ingolf Willms
2. Gutachter: Prof. Dr.-Ing. Thomas Kaiser

Tag der mündlichen Prüfung: 18. Mai 2010

Bibliografische Information der Deutschen Nationalbibliothek
Die Deutsche Nationalbibliothek verzeichnet diese Publikation in der Deutschen Nationalbibliografie; detaillierte bibliografische Daten sind im Internet über http://dnb.d-nb.de abrufbar.

1. Aufl. - Göttingen: Cuvillier, 2011

Zugl.: Duisburg-Essen, Univ., Diss., 2010

978-3-86955-786-1

Nonnenstieg 8, 37075 Göttingen
Telefon: 0551-54724-0
Telefax: 0551-54724-21
www.cuvillier.de

1. Auflage, 2011
Gedruckt auf säurefreiem Papier

978-3-86955-786-1

Vorwort

Die vorliegende Arbeit entstand während meiner Tätigkeit als wissenschaftlicher Mitarbeiter im Fachgebiet Nachrichtentechnische Systeme an der Universität Duisburg-Essen.

An dieser Stelle gilt mein besonderer Dank Herrn Prof. Dr.-Ing. Ingolf Willms, Leiter der Forschungsgruppe „Automatische Brandentdeckung“, für die Motivation und Betreuung der Arbeit. Er hat mir den notwendigen Freiraum geschaffen und mich durch zahlreiche wertvolle Diskussionen unterstützt.

Darüber hinaus danke ich Herrn Prof. Dr.-Ing. Thomas Kaiser für die Übernahme des Zweitgutachtes.

Ferner danke ich allen Kollegen des Fachgebiets, die durch Kritik, Diskussionen und Hilfsbereitschaft zum Gelingen dieser Arbeit beigetragen haben. Mein Dank gilt auch den Kollegen aus der Werkstatt für Feinmechanik, für die Umsetzung der Ideen und Zeichnungen in handfeste Hardware.

Besonderen Dank gilt meinen Eltern für Ihre Unterstützung nicht nur während meines Studiums und der Promotion.

Nicht zuletzt danke ich ganz herzlich meiner Lebensgefährtin Ina.

Duisburg, im Januar 2011

Inhaltsverzeichnis

Einleitung

Das Ausmaß der Schäden, die durch einen Brand verursacht werden, steht in direktem Zusammenhang mit seiner Dauer, bzw. mit der Zeit zwischen dem Beginn des Brandes und der Löschung. Oft verursacht der Löschvorgang an sich auch weiteren Schaden, jedoch ist dieser ebenfalls mittelbar abhängig vom Ausmaß des Brandes. Um den Schaden zu minimieren ist es demzufolge notwendig, den Brand möglichst früh zu erkennen. Automatische Systeme, die einen Brand in seiner frühen Phase erkennen, sind bereits für viele Einsatzgebiete erhältlich.

Im Betrieb einer Brandmeldeanlage zeigt sich jedoch, dass nicht allein die frühzeitige Alarmierung im Falle eines Brandes wichtig ist. In der Zeit, in der kein Brand vorliegt (meist die überwiegende Zeit), sollte das Brandentdeckungssystem auch keinen Alarm melden. Die Unterdrückung von möglichen Fehlalarmen erweist sich als eine noch komplexere Aufgabe als die tatsächliche Branderkennung, zumal die strenge Vorgabe besteht, dass alle Brände entdeckt werden müssen.

Fehlalarme sind kostenintensiv. Die dadurch bedingten Betriebsunterbrechungen verursachen finanzielle Schäden im fünfstelligen Euro-Bereich. Ein Fehlalarm während eines Fluges kann sogar eine Notlandung der Maschine am nächstliegenden Flughafen zur Folge haben. Zudem belasten sie die Rettungskräfte. Eine nicht seltene, aber verhängnisvolle Reaktion auf häufige Fehlalarme kann daher letztendlich die Abschaltung ganzer Anlagenabschnitte sein.

Die Ursachen von Fehlalarmen sind unterschiedlich. Oft ist es keine Fehlfunktion, die zu einem falschen Alarm führt, sondern eine brandähnliche Situation, die der Melder von einem Brand nicht zu unterscheiden weiß. Bei Rauchmeldern treten solche Situationen auf, wenn die Luft mit Störaerosolen wie Wasserdampf oder Staub belastet ist.

Um die Störanfälligkeit von Rauchmeldern für Störaerosole zu reduzieren, wurden unterschiedliche Ansätze verfolgt und von namhaften Herstellern teilweise schon implementiert. Diese Arbeit präsentiert zwei Studien zur Reduktion von Fehlalarmen bei optischen Rauchmeldern, die auf der Optimierung und Nutzung einer verbesserten Optik basieren.

Im ersten Verfahren fungiert ein Bildsensor (Video-Kamera) als Streulichtsensor. Mit der erhöhten örtlichen Auflösung wird eine Charakterisierung von Aerosolen angestrebt, die zu Unterscheidungskriterien zwischen Brand- und Nichtbrandaerosolen führt. Das zweite Verfahren benutzt ebenfalls einen Bildsensor, wertet aber zusätzlich die polarimetrischen Eigenschaften des Streulichts aus. Im Fokus dieser zweiten Studie liegt die Depolarisation des Lichts aufgrund von Mehrfachstreuung an den Aerosolpartikeln.

Die Arbeit ist in 7 Kapiteln gegliedert. Eingeleitet wird die Thematik durch einen Überblick über die heutigen Methoden zur Reduktion von Fehlalarmen durch Störaerosole. Daran anschließend folgen Grundlagen zur Streuung von Licht, die als Basis für die Auswertung und Interpretation der Messdaten dienen. Teil 3 präsentiert den Messaufbau mit allen relevanten technischen Daten. In Kapitel 4 werden die durchgeführten Versuche beschrieben. Das erste Verfahren wird in Kapitel 5 beschrieben. Daran anknüpfend wird in Kapitel 6 das polarimetrische Verfahren vorgestellt. Inhalt beider Teile ist u.a. die Auswertung der Verfahren in verschiedenen Szenarien und die Entwicklung von entsprechenden Algorithmen zur Fehlalarmunterdrückung. Kapitel 7 fasst die Ergebnisse der Arbeit zusammen und gibt einen Ausblick auf noch offen stehende Möglichkeiten der Anwendung der erzielten Erkenntnisse.

Kapitel 1

Stand der Technik

Brände durchlaufen oft verschiedene Stadien und entwickeln sich meist zunächst als Schwelbrände, bevor Flammen entstehen. Diese durchaus lang andauernde Phase eines Brandes ist ebenso gefährlich wie ein offener Brand, da eine große Menge an Rauch und giftigen, brennbaren Gasen, wie z.B. CO, freigesetzt wird. Als Beispiel eines schweren Schwelbrandes kann der Brand am Düsseldorfer Flughafen im April 1996 genannt werden. In der Schwelphase eines Brandes ist der Temperaturanstieg gering und der „Hotspot“ oft verborgen, weshalb eine Brandfrüherkennung anhand von Rauch- oder Gasmessungen, sinnvoll ist.

Zur Erkennung von Rauch sind zwei Funktionstypen von Meldern weit verbreitet: Melder die nach dem Ionisationsprinzip arbeiten (I-Melder) und optische Rauchmelder. Aufgrund von gesetzlichen Vorgaben zum Strahlenschutz sind I-Melder (zumindest in Europa) seltener geworden. Optische Rauchmelder, bzw. Systeme, die Rauch auf optischem Weg detektieren, können sehr unterschiedlich aufgebaut sein und finden in ebenso unterschiedlichen Szenarien Anwendung.

Optische Melder, die nach dem Extinktionsprinzip (lineare Melder) arbeiten, benötigen eine lange Messstrecke, typischerweise von einigen Metern Länge. Sie werden dort eingesetzt, wo große Räume überwacht werden müssen, wie z.B. hohe Hallen, Korridore oder Müllbunker.

Die videobasierte Raucherkennung wird häufig in Tunneln implementiert, da diese schon für die Verkehrsüberwachung mit Kameras ausgestattet sind. Die eigentliche Detektion beruht dabei u.a. auf der Erkennung von Bildbereichen, in denen Kontraste wegen der Bildtrübung verloren gehen. Durch videobasierte Systeme können auch Flammen erkannt werden und gleichzeitig kann das System eine grobe Lokalisierung des Brandherdes vornehmen. Dazu siehe z.B. [58] und [72].

Weit verbreitet sind jedoch optische Melder, die nach dem Streulichtprinzip funktionieren, in der Form punktförmiger Melder oder linienförmiger Melder, wie z.B. Ansaugsysteme. Einfache Streulichtmelder bestehen aus einer Lichtquelle, die das Streuvolumen beleuchtet, und einem Lichtsensor, der diesen Bereich überwacht. Als Lichtquelle wird üblicherweise eine gepulste Infrarot-Leuchtdiode eingesetzt. Eine Photodiode dient als Empfänger. Diese sind so angeordnet, dass im Normalfall, wenn kein Aerosol vorhanden ist, das gesendete Licht den Lichtsensor nicht erreicht. Tritt ein Aerosol in die Messkammer, wird das gesendete Licht daran gestreut und auch in Richtung des Sensors abgestrahlt. Überschreitet die gemessene Intensität einen Schwellenwert, wird ein Alarm ausgelöst. Auf den Streuprozess wird im Rahmen der optischen Grundlagen (Kapitel 2) näher eingegangen. In diesem Kapitel beschränkt sich die Erläuterung auf die Eigenschaften, Funktionsweise und Vor- bzw. Nachteile der Melder. In Bild 1.1 ist eine Skizze eines einfachen Streulichtmelders zu sehen.

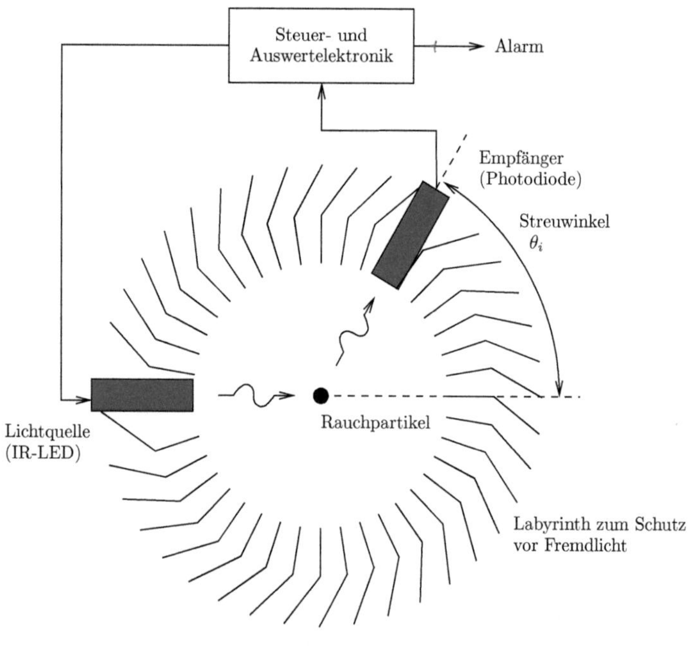

Bild 1.1: Skizze eines optischen Rauchmelders

Streulichtmelder entdecken Rauch von Schwelbränden sehr zuverlässig. Probleme können jedoch bei Rauch von offenen Bränden entstehen, da dieser aus sehr kleinen Partikeln bestehen kann, die wiederum im IR Bereich nur schwach Licht streuen. Daher ist die Empfindlichkeit des Melders für Rauch von offenen Bränden und Rauch von Schwelbränden unterschiedlich. Zudem kann ein Melder, wie in Bild 1.1 dargestellt, nicht zwischen Rauch, Staub und Wasserdampf unterscheiden. Die Bestimmung eines Alarmschwellenwertes ist daher immer ein Kompromiss zwischen der Empfindlichkeit für Rauch von offenen Bränden und der Anfälligkeit für Fehlalarme durch Störaerosole. Dieser Kompromiss wird durch die vorgenannte Minimalvorgabe verschärft, dass kein Brand unentdeckt bleiben darf.

1.1 Multisensor-Melder

Um den Einfluss von Störaerosolen zu verringern können einerseits Luftfilter eingesetzt werden, die Staubpartikel nicht in die Messkammer gelangen lassen (z.B. in [5]). Dadurch erhöht sich jedoch der Wartungsaufwand und die Empfindlichkeit des Melders wird bis zu einem gewissen Grade abhängig vom Zustand des Filters. Zudem besteht oft die Notwendigkeit eines zusätzlichen Lüfters, der wiederum auf sein Funktionieren hin überwacht werden muss. Daher sind Luftfilter eher in Rauchansaugsystemen zu finden, bei denen ein einziger Melder ein größeres Gebiet überwacht, wie z.B. einen ganzen Raum.

Andererseits können Melder mit zusätzlichen Sensoren ausgestattet werden, die weitere Informationen über das Szenario liefern und auf diesem Wege die Identifizierung von Störaerosolen erlauben. Eine kostengünstige Erweiterung ist z.B. die Implementierung eines Temperatursensors. Im Falle eines offenen Brandes ist zu erwarten, dass auch die Temperatur ansteigt. Werden die Streulichtdaten mit den Temperaturdaten kombiniert, so kann, bei gleichzeitigem Anstieg beider Größen, ein Alarm früher ausgelöst werden. Ein weiterer Vorteil eines Temperatursensors ist, dass auch Brände, die keinen sichtbaren Rauch produzieren, wie z.B. bei der Verbrennung von Spiritus, erkannt werden. Die Kombination von Streulichterkennung und Temperaturauswertung ist daher durchaus sinnvoll und wird in vielen Rauchmeldern eingesetzt. Sie verringert jedoch nicht maßgeblich die Wahrscheinlichkeit eines Fehlalarmes durch ein Störaerosol, wie z.B. Staub.

Eine hinsichtlich der Fehlalarmunterdrückung effektive Kombination ist die eines Ionisationsrauchmelders und eines Streulichtmelders, wie von Litton z.B. in [52] und [53] beschrieben. Da Ionisationsrauchmelder besonders empfindlich sind für kleine Partikel im Bereich kleiner als 100 nm [52], [77], sind diese eine gute Ergänzung zu Streulichtmeldern. Aber, abgesehen von der Beeinflussung der Funktion der Ionisationskammern durch Feuchtigkeit, z.B. durch Wasserdampf, ist die notwendige, radioaktive Ionenquelle von Nachteil. Die Melder sind dadurch anzeigepflichtig und falls nach einem Brand ein I-Melder nicht aufgefunden wird, gilt der Brandschutt als Sondermüll [71]. Diese Problematik wird durch die Entwicklung „grüner“ Ionisationsrauchmelder umgangen, welche die Luft nicht durch radioaktive Präparate, sondern anhand von Koronaentladungen ionisieren ([77], [20] und aktuell [19]).

In den letzten Jahren ist die Entwicklung von Gassensoren stark vorangetrieben worden und nahezu jeder namhafte Hersteller bietet Systeme mit dieser Sensorik an. Eine detaillierte Beschreibung der Möglichkeiten mit allen Vor- und Nachteilen von Gassensoren würde den Rahmen dieser Arbeit sprengen. Eine gute Übersicht über die aktuelle Entwicklung ist in [90] und [40] zu finden. Nichtsdestotrotz ist es von Interesse, einige Aspekte kurz zu beleuchten.

Eine elegante Kombination von Aerosol- und Gasdetektion ist das von Kelleter in z.B. [38] beschriebene System. Dabei handelt es sich um einen linearen Melder für die Überwachung langer Messtrecken, wie z.B. in großen Hallen oder Müllbunkern. Mit einem Laserstrahl wird einerseits die Dämpfung (optische Extinktion) durch mögliche Schwebstoffe gemessen (wie Nebel, Staub oder Rauch), wodurch die Aerosolkonzentration geschätzt werden kann. Andererseits ist es möglich, durch die Modulation der Wellenlänge des Lasers, Rückschlüsse auf die Konzentration von Brandgasen zu ziehen. Das System vereinbart somit die Extinktionsmessung mit der IR Spektroskopie. Ein Nachteil des Verfahrens ist jedoch, dass lange Messtrecken von mehreren Metern Länge notwendig sind. Für punktförmige Melder oder Linienmelder ist das Verfahren ungeeignet.

Die am weitesten verbreiteten Gassensoren sind jedoch zweifelsfrei Halbleitersensoren (Metalloxid), elektrochemische Zellen und Optoden. Die Sensoren sind klein, benötigen keine lange „Messtrecke“ und sind, bei großen Stückzahlen, günstig in der Produktion. Sie werden zur Fehlalarmreduktion mit optischen Rauch-, oder Temperatursensoren kombiniert (z.B. [2], [18], [40]), oder als eigenständige Sensoren in durch Staub oder Nebel stark beeinträchtigten Bereichen, wie Kohlebergwerken [30], Kohlekraftwerken und Biomassesilos, eingesetzt [37]. Fazit ist, dass in vielen Fällen Gassensoren die Anfälligkeit für Fehlalarme durch Störaerosole verringern können. Dennoch gibt es ungelöste Probleme: Fragen über z.B. Lebensdauer, Energieverbrauch, Selektivität, Selbstüberprüfung (z.B. zur Driftkompensation) und Störanfälligkeit (durch z.B. Ausdünstungen von Lösungsmitteln) sind noch Thema aktueller Diskussionen ([2], [18], [90]).

Verfahren, die auf rein optischen Prinzipien basieren und ebenfalls zur Reduktion von Fehlalarmen durch Störaerosole beitragen, werden seit etwa 10 Jahren verfolgt und sind Thema der nächsten Abschnitte.

1.2 Optische Methoden zur Charakterisierung von Aerosolen

Die Streueigenschaften von Aerosolen hängen stark von der chemischen Zusammensetzung, d.h. vom Brechungsindex, der Form und der Größe der Partikel ab (siehe auch Kapitel 2). Umgekehrt stellt sich die Frage, ob anhand der Streueigenschaften der Aerosole Rückschlüsse auf die einzelnen beeinflussenden Faktoren gezogen werden können. In den letzten Jahren wurde nach Kriterien geforscht, die eine Klassifizierung der Aerosole anhand von Streulichtmessungen erlauben.

1.2.1 Streulichtmessungen in verschiedenen Winkeln

Die Streueigenschaften von Aerosolen ändern sich mit dem Betrachtungswinkel. Allgemein gilt, dass im Bereich der Vorwärtsstreuung, d.h. bei Streuwinkeln $\theta_i < 90°$, die Intensität des gestreuten Lichts größer ist als im Bereich der Rückwärtsstreuung ($\theta_i > 90°$). Eine Ausnahme bilden sehr kleine Partikel. Der Unterschied zwischen Vor- und Rückwärtsstreuung ist zudem abhängig vom Brechungsindex des Aerosols. Diese Eigenschaft wird z.B. im Melder O^2T der Fa. Caradon-Esser, heute Novar-Esser, ausgewertet und wurde in [42] vorgestellt. Die Technologie wird auch in heutigen Brandmeldeanlagen eingesetzt und erlaubt eine begrenzte Charakterisierung der Aerosole. Die Patentschriften [100] und [104] beschreiben, dass durch das Verhältnis der gestreuten Intensitäten in den Winkeln $\theta_i = 40°$ und $\theta_i = 110°$ (in [100] werden die komplementären Winkel 140° und 70° angegeben) ein Hell-Dunkel-Faktor ermittelt werden kann. Dieser ist bei Schwelbränden größer als bei offenen Bränden und erlaubt somit eine Anpassung der Melderempfindlichkeit an das Aerosol. Zudem wird beschrieben, dass auch Staub und Wasserdampf charakteristische Hell-Dunkel-Faktoren aufweisen, die eine gute Unterscheidbarkeit von Rauch und Nichtbrandaerosolen erlauben sollen.

Im Rahmen eines gemeinsamen, nicht veröffentlichten Projekts der Fa. apparatebau gauting gmbh (AOA) und des Fachgebietes Nachrichtentechnische Systeme an der Universität Duisburg-Essen (NTS) hat sich jedoch gezeigt, dass die Werte des Hell-Dunkel-Faktors für Wasserdampf stark schwanken und auch im Bereich der Schwelbrände, insbesondere TF2, liegen können. Ähnliche Messungen wurden auch in [42] und [104] durchgeführt.

Doch werden weder in der Patentschrift [104] noch in der Veröffentlichung [42] umfassende quantitative Vergleiche zwischen den Hell-Dunkel-Faktoren von Wasserdampf und Rauch gezogen. Das Verhältnis von Vor- zu Rückwärtsstreuung hängt bei Stäuben stark vom Typ des Staubs ab. Die Werte der getesteten Stäube im Rahmen des AOA-NTS-Projekts liegen zwischen den Werten von Rauch offener Brände und Rauch von Schwelbränden. Eine weitergehende Unterscheidung von Staub und Rauch ist somit fraglich.

Zu ähnlichen Ergebnissen führt die Studie [86], bzw. [87] von Weinert et al. Seine Messungen fanden im Gegensatz zu [100] nicht im infraroten Wellenlängenbereich statt, sondern im roten Wellenlängenbereich. Die Ergebnisse zeigen auch, dass Rauch von Schwelbränden einen größeren Intensitätsunterschied zwischen Vor- und Rückwärtsstreuung aufweist, als Rauch von offenen Bränden. In [86] und [87] wird der Hell-Dunkel-Faktor Asymmetrie-Faktor genannt. Die Ergebnisse mit Staub des Typs ISO Fine (in [86]) zeigen allerdings, dass anhand des Asymmetrie-Faktors dieser nicht sicher von einem Schwelbrand unterscheidbar ist.

Dohi et al. greift in [16] das Thema erneut auf und zeigt Untersuchungen mit IR Licht in den Winkeln 40°, 50° und 150°. Die Ergebnisse der Versuche mit Testfeuern decken sich mit den Ergebnissen aus den zuvor genannten Studien. Die Möglichkeit der Unterscheidung von Staub und Wasserdampf wird ebenfalls in Betracht gezogen. Dennoch weichen die Ergebnisse für Wasserdampf (siehe Bild 6-b in [16]) von den Ergebnissen aus z.B. [104] ab. Leider sind in [16] keine Angaben zu den Prüfbedingungen (z.B. Staubtyp) während der Nichtbrandversuche, zu finden. Zudem werden für die Intensitätsverhältnisse bei den verschiedenen Streuwinkeln nur die Mittelwerte angeben. Für eine sichere Aussage über die tatsächliche Unterscheidbarkeit von Nichtbrandaerosolen wären auch die Abweichungen der Verhältniswerte relevant, wie z.B. die Standardabweichung oder ggf. die zeitliche Entwicklung der Werte.

Das Verhältnis zwischen den Intensitäten bei Vor- und Rückwärtsstreuung erlaubt eine Anpassung der Empfindlichkeit des Melders an dunkle Aerosole. Eine Reduktion der Wahrscheinlichkeit eines Fehlalarms ist damit zwar möglich, die sichere Unterscheidung von Störaerosolen, insbesondere die Unterscheidung von Staub und Rauch, ist jedoch nicht immer möglich.

1.2.2 Streulichtmessungen bei verschiedenen Wellenlängen

Eine Weiterentwicklung des O^2T ist der X^2T Melder [98]. Dieser kombiniert Vor- und Rückwärtsstreuung mit der Streulichtmessung bei verschiedenen Wellenlängen, d.h. IR und blau. Die Hinzunahme der Information verschiedener Wellenlängen ist sinnvoll, da kleine Partikel blaues Licht besser streuen als IR Strahlung. Dies ist durch die Rayleigh-Streuung zu erklären (siehe Abschnitt 2). Bei großen Partikeln dagegen ist die Abhängigkeit der Streuintensität von der Wellenlänge nicht so ausgeprägt.

Die von Cole in [14] (zugehörige Patentschriften [108], [109], [110], [111]) oder Fujisawa in [22] (zugehörige Patentschrift [102]) vorgestellten Melder arbeiten nur im Vorwärtsstreubereich, jedoch mit IR und blauen LEDs. Aus dem Unterschied der Intensitäten beider Bereiche wird auf verschiedenen Wegen eine Charakterisierung der Aerosole vorgenommen. Rauch offener Brände und Rauch von Schwelbränden kann unterschieden werden. Das Verhältnis der Intensitäten beider Bereiche spiegelt die Größenverteilung des gemessenen Aerosols wider. Dadurch kann z.B. die Empfindlichkeit des Melders für offene Brände angehoben werden. Die zahlreichen Messungen in [14] und [22] unterstreichen diese Möglichkeit. Dennoch zeigen die Messungen aus der AOA-NTS-Studie, sowie die Untersuchungen in [30], dass durch die Auswertung der Vorwärtsstreuung von IR und blauem gestreuten Licht eine eindeutige Unterscheidung zwischen Brand- und Nichtbrandaerosolen nicht immer möglich ist. Kritisch sind Schwelbrände mit geringer Temperatur, wie z.B. in der Anfangsphase des TF2.

Eine bessere Unterscheidung zwischen Rauch und Störaerosolen ist laut den Aussagen in [98] und [70] nur durch die Kombination von verschiedenen Wellenlängen und verschiedenen Winkeln möglich. Der entsprechende Melder X^2T arbeitet daher mit 2 Sendern (IR und Blau) und zwei Empfängern, die im Winkel von 60° und 120° messen. Leider sind weder in der Patentschrift [98], noch in der Veröffentlichung [70] Messungen oder Auswertungen von Testfeuern und Nichtbrandaerosolen dargestellt.

Es kann zusammengefasst werden, dass es auch auf optischem Wege möglich ist, die Wahrscheinlichkeit eines Fehlalarms durch Störaerosole zu minimieren. Zwei verbreitete Verfahren wurden beschrieben. Durch die Auswertung des Verhältnisses zwischen Vor- und Rückwärtsstreuung können Informationen über die Helligkeit des Aerosols, somit auch über den Brechungsindex gewonnen werden. Das zweite Verfahren verarbeitet den Unterschied zwischen der Intensität des Streulichts im blauen und im IR Bereich. Damit sind Aussagen über die Partikelgrößenverteilung des Aerosols möglich. Kritisch sind jedoch Szenarien, in denen Rauch und Störaerosole ähnlich in Bezug auf Partikelgrößenverteilung und Brechungsindex sind, wie z.B. feine Stäube und Schwelbrände mit geringer Temperatur. Zudem stellt sich die Frage, inwieweit Störaerosole, die bereits in der Umgebungsluft vorhanden sind, die Entdeckung eines Brandes verhindern. Solche Szenarien sind z.B. in Sägewerken, Silos und im Bergbau zu finden.

1.2.3 Brandlokalisierung

Abgesehen von einer verbesserten Unterscheidbarkeit zwischen Brand- und Nichtbrandaerosolen, wird in dieser Arbeit die Möglichkeit der Lokalisierung des Brandherdes untersucht. Im Falle eines Brandmeldesystems mit punktförmigen Rauchmeldern ist eine sehr grobe Lokalisierung über die Information des Montageortes des alarmgebenden Melders möglich. Eine genauere Lokalisierung gewährleisten videobasierte Systeme, die ein Bild des Szenarios liefern.

Ein interessanter Ansatz zur Lokalisierung eines Brandherdes mit punktförmigen Meldern wird z.B. in [6] und [7] beschrieben. Dabei werden die Daten von zwei Wärmemeldern ausgewertet, die jeweils mit einem 2x2-Sensor großen „Temperatursensor-Array“ ausgestattet sind. Durch die Korrelation der Temperaturverläufe der einzelnen Sensoren kann eine Lokalisierung des Brandherdes vorgenommen werden. In Abschnitt 5.1 wird das System mit dem hier entwickelten Verfahren detaillierter verglichen.

Im Rahmen dieser Studie wurde ein Messsystem eingesetzt, welches mit einer Kamera und mehreren Polarisationsfiltern ausgestattet ist. Da der Einsatz von Kameras und Polarisationsfiltern in Rauchmeldern in der Literatur bereits erwähnt wurde, werden zunächst die entsprechenden Literaturstellen beschrieben.

1.2.4 Einsatz von Bildsensoren zur Raucherkennung

Videokameras werden seit vielen Jahren auch zur Erkennung von Rauch eingesetzt. Dabei handelt es sich jedoch meistens um CCTV-Überwachungssysteme, in denen spezielle Algorithmen zur Branderkennung implementiert sind. Besonders oft sind solche Systeme in Verkehrstunneln zu finden. Die Kameras überwachen den Straßenverkehr und können zusätzlich auch Flammen bzw. Rauch erkennen (siehe auch [89], [60] und Session 12 in [91]). Auch in der Waldbrandfrüherkennung werden überwiegend Kamerasysteme eingesetzt um große Gebiete zu überwachen. Eine große Herausforderung in der videobasierten Branderkennung ist die Unterdrückung von Fehlalarmen, die nicht allein durch Störaerosole, sondern auch durch andere bewegte Objekte oder Muster, wie z.B. Reflexionen der

Sonne auf einer Pfütze ausgelöst werden können. Erschwerend kommt hinzu, dass die Beleuchtung des überwachten Szenarios oft nicht gesteuert werden kann. Ein interessanter Lösungsansatz für die Problematik von Fehlalarmen in der Waldbranderkennung durch z.B. Nebelwolken ist in [25] beschrieben. Dabei werden Rauch und mögliche Nebelwolken anhand ihrer Bewegungsmuster unterschieden.

Für die Alarmverifizierung in Frachträumen von Flugzeugen wurden von den Firmen Goodrich und m-u-t Aviation Technology Kamerasysteme entwickelt, welche sowohl offene Feuer als auch Rauch erkennen können. Da Frachträume während des Fluges meistens unbeleuchtet bleiben, erfolgt die Rauchdetektion durch die Überwachung von zyklisch geschalteten IR-LED-Leuchten. Der Frachtraum fungiert somit als eine „große Messkammer" ([49],[96],[17]).

Der Einsatz von Bildsensoren in punktförmigen Meldern mit dem Ziel der Reduktion von Fehlalarmen wird in der Patentschrift [106] erwähnt. Der von der Fa. Bosch in [106] beschriebene Streulichtmelder kann bündig in eine Decke montiert werden. Die Messzone befindet sich unmittelbar unterhalb des Melders, wird jedoch nicht durch ein Labyrinth umschlossen. Fehlalarme können demzufolge nicht nur durch Störaerosole auftreten, sondern auch durch reflektierende Objekte unterhalb des Melders, wie z.B. aufgestellte Leitern, gestapelte Kisten oder Insekten. Daher ist als Sensor u.a. eine Kamera angedacht, die durch die höhere örtliche Auflösung des Streulichtmusters Informationen für die Unterscheidung solcher Szenarien liefern soll. Eine Klassifizierung des Aerosols anhand der Streulichtmuster wird in [106] nicht in Betracht gezogen.

Die bislang nicht erwähnte Möglichkeit der Charakterisierung von Aerosolen anhand hoch aufgelöster Streulichtaufnahmen wird in [93] und in [73] beschrieben. Beide Veröffentlichungen wurden gleichzeitig, jedoch unabhängig voneinander auf der AUBE'04 vorgestellt, wobei [73] und später [74] und [75] die Ergebnisse der Vorstudie dieser Arbeit präsentiert. Xue-Ming stellt in [93] und [94] ein System vor, das hoch aufgelöste Streulichtaufnahmen in einem Winkel von $\theta_i = 30°$ misst. Die Beleuchtung erfolgt mit einem Laser im roten Wellenlängenbereich, der eine dünne Luftschicht beleuchtet. Um eine möglichst laminare Luftströmung in der Messzone zu erzielen saugt das System Luft an, die anschließend durch ein 800 cm langes Rohrsystem strömt, bevor sie in die Messkammer gelangt. Die Bilder werden mit einem Mikroskop aufgenommen.

Die Unterschiede zu dem in dieser Arbeit beschriebenen System liegen nicht allein im Aufbau des Messsystems, sondern auch in der Auswertung der Daten. Xue-Ming wandelt die Aufnahmen, nach nötigen Entzerrungen aufgrund des Messwinkels, in binäre Schwarz-Weiß Aufnahmen um. Anschließend erfolgt eine Berechnung der Größe der gemessenen Partikel, bzw. hellen Flecken in den Aufnahmen. Die Unterscheidung der Aerosole erfolgt letztendlich anhand der ermittelten Partikelgrößenverteilung. Die präsentierten Auswertungen zeigen, dass mit dem System eine Unterscheidung von Rauch eines n-Heptan-, bzw. Baumwollluntenbrandes, von feinem Pulver, welches nicht näher beschrieben wird, möglich ist. Weitere Veröffentlichungen zum Projekt konnten nicht gefunden werden.

1.2.5 Einsatz von polarisierter Strahlung in Rauchmeldern

Inwiefern polarisierte Strahlung zur Verbesserung der Eigenschaften optischer Rauchmelder beitragen kann, wurde z.B. von Löpfe [51] und Weinert [86] untersucht. Beide kamen zum Ergebnis, dass durch den Vergleich der Streuintensität in zwei orthogonalen Polarisationsebenen (parallel und senkrecht zur Streuebene; weitere Details siehe Abschnitt 2) die Empfindlichkeit des Melders für offene Brände verbessert werden kann. Anhand des charakteristischen Verlaufes des Polarisationsgrades über den Streuwinkel ist es laut Löpfe auch möglich, Wasserdampf von Rauch zu unterscheiden. Eine Unterscheidung zwischen Rauch und Staub ist laut Weinert jedoch anhand des Polarisationsgrades nicht möglich.

In Patenten wurde der Einsatz polarisierter Strahlung sehr früh in Erwägung gezogen, wie die Patentschrift [97] der Fa. Cerberus AG (jetzt Siemens Building Technologies und in der Patentschrift [103] beschrieben) aus dem Jahre 1991 zeigt. Darin wurde darauf hingewiesen, dass der Unterschied zwischen der Empfindlichkeit des Melders für Rauch von offenen und Rauch von Schwelbränden durch die Wahl <u>einer</u> – entsprechend polarisierten – Lichtquelle minimiert werden kann. Es sei somit nicht unbedingt notwendig, in zwei Polarisationsebenen zu messen (siehe auch Abschnitt 6). Dabei wird die Verwendung von Polarisationsfiltern, bzw. der Einsatz von Lasern, erwähnt.

Im Rahmen dieser Arbeit wurden ebenfalls polarimetrische Streulichtmessungen durchgeführt. Es wurde nicht allein die Streuintensität in zwei orthogonalen Polarisationsebenen gemessen, sondern auch die Depolarisation der Strahlung. Ähnliche Untersuchungen im Rahmen der Brandfrüherkennung sind nach dieser Recherche nur von Churches durchgeführt worden. Seine Ergebnisse sollten ebenfalls auf der AUBE'04 vorgestellt werden, jedoch fand weder sein Vortrag statt, noch wurde seine Veröffentlichung eingereicht. In dem „Abstract“ [13] werden nur Messungen der Depolarisation im Bereich der Vorwärtsstreuung erwähnt, und die Behauptung vertreten, dass eine Unterscheidung von Brand- und Nichtbrandaerosolen möglich sei. Weitere Details sind nicht bekannt.

In diesem Abschnitt wurden Veröffentlichungen und Patente vorgestellt, die das Ziel einer Reduktion von Fehlalarmen durch Störaerosole bei optischen Rauchmeldern verfolgen. Zudem wurden Literaturstellen beschrieben, die auf ähnlichen Methoden basieren, wie die im Rahmen dieser Arbeit gewählten. Parallelen sind in [13] und [94] zu erkennen. Dennoch wurden beide Projekte scheinbar nicht fortgeführt und es sind weder in [13] noch in [94] ausführliche Messungen beschrieben, so dass eine Beurteilung der Relevanz dieser Verfahren für die Brandfrüherkennung nicht möglich ist. Diese Arbeit, die parallel zu [13] und [94] entstanden ist, soll die Frage über die Möglichkeiten der Verwendung von hoch aufgelösten Streulichtaufnahmen und der Auswertung der Depolarisation beantworten.

Kapitel 2

Grundlagen der Lichtstreuung

Die in dieser Arbeit in z.B. Kapitel 5 oder 6 gezeigten Aufnahmen zeigen helle Strukturen vor einem schwarzen Hintergrund. Diese hellen Strukturen entstehen durch die elastische Streuung der von einer Lichtquelle ausgehenden Strahlung an Tröpfchen oder Teilchen die von der Luft getragen werden. Der Ausdruck „elastisch“ wird in Anlehnung an mechanische Vorgänge verwendet und beschreibt, dass sich die Partikel aufgrund der Strahlung weder physikalisch, noch chemisch ändern. In diesem Abschnitt werden Grundlagen der Streuung von Licht an Aerosolen zusammengefasst. Sie sind die Basis für die spätere Interpretation der gemessenen Daten. Der erste Teil behandelt die Streuung an kugelförmigen Aerosolen. Im zweiten Teil dieses Kapitels wird die Streuung an nicht kugelförmigen Aerosolen wie Staub und Rauch von offenen Bränden beschrieben.

Untersucht man zunächst das von einem einzigen Teilchen, bzw. Tröpfchen gestreute Licht, so sind die Streueigenschaften abhängig von verschiedenen Faktoren. Die gestreute Strahlung hängt zum einen ab von den Eigenschaften der auftreffenden Strahlung, wie:

- Intensität I_{e} (auch Bestrahlungsstärke),
- Wellenlänge λ,
- Polarisation.

Zum Anderen wird sie von den Eigenschaften des Partikels beeinflusst, wie:

- Form,
- Größe,
- (relativer) komplexer Brechungsindex $\underline{m}$.

Weitere Faktoren, die die Intensität der Strahlung beeinflussen, sind der Abstand des Beobachters zum Partikel R und der Streuwinkel θ_i zwischen der Strahlungsrichtung und der Blickrichtung des Beobachters, wie in Bild 2.1 zu sehen ist. Der einfallende Strahl und der in Richtung des Beobachters gestreute Strahl spannen eine Ebene auf, die sog. Streuebene. In Bild 2.1 wäre die Streuebene das Blatt auf dem diese Seite gedruckt ist. Es ist zudem wichtig zu erwähnen, dass der Abstand R groß sein sollte im Verhältnis zur Wellenlänge. Zudem wird angenommen, dass der Abstand zwischen den Partikeln und der Lichtquelle ebenfalls so groß ist, dass die Partikel sich in einer ebenen Wellenfront befinden. Beide Annahmen treffen in der Praxis meistens zu wenn es sich um Untersuchungen oder Messungen von Aerosolen mit Hilfe von Licht handelt.

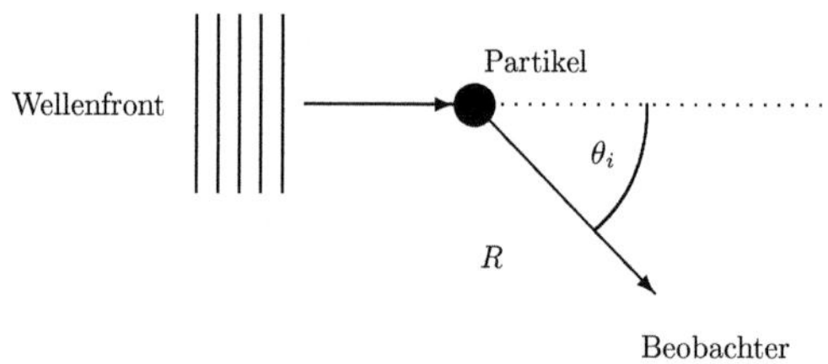

Bild 2.1: Prinzipielle Anordnung von Lichtquelle und Beobachter

Der komplexe Brechungsindex $\underline{m}_{\text{stoff}}$ eines Stoffes setzt sich zusammen aus einem Realteil n_{br}, mit

$$n_{\text{br}} = \frac{\text{Lichtgeschwindigkeit}}{\text{Wellengeschwindigkeit im Stoff}}$$

und einem Imaginärteil mit dem Absorptionsindex κ.

$$\underline{m}_{\text{stoff}} = n_{\text{br}}(1 - \mathrm{j}\kappa)$$

Der relative komplexe Brechungsindex $\underline{m}$ ist das Verhältnis zwischen dem komplexen Brechungsindex des Partikels und dem Brechungsindex des Mediums in dem sich das Partikel befindet. Diese Arbeit behandelt nur den Fall von Partikeln in Luft, wobei der Brechungsindex von Luft im sichtbaren Bereich nahezu eins ist.

$$\underline{m} = \frac{\underline{m}_{\text{stoff}}}{\underline{m}_{\text{medium}}}$$

Der komplexe Brechungsindex eines Stoffes ist meist aufwändig zu bestimmen. Zudem ist er keine Konstante und kann wellenlängenabhängig sein. Daher ist es aufgrund der Dispersion bestimmter Gläser möglich, mit einem Prisma weißes Licht in seine Spektralkomponenten zu zerlegen. Einige Metalle zeigen im sichtbaren Bereich kleine Werte nahe 1 von $\underline{m}$ (siehe [29] Seite 222 und die Datenbanken [1] und [31]). Im Bereich der Mikrowellen hingegen ist für Metalle $\underline{m}$ wesentlich größer als 1 (siehe [39] Seite 90 und [31]). Zudem treten bei vielen Materialien auch Abhängigkeiten des komplexen Brechungsindexes von der Temperatur und vom Druck auf [11], [39], [44], [48] und [85].

2.1 Streuung von Licht an Kugeln

Im Jahre 1908 stellte Mie [56] eine allgemeine Lösung der Maxwellschen Gleichungen für die Streuung von elektromagnetischer Strahlung an einer homogenen Kugel vor [39]. Für linear polarisiertes Licht kann die Intensität der gestreuten Strahlung I_{streu} wie folgt berechnet werden:

$$I_{\text{streu},\perp} = I_{\text{e},\perp} \frac{\lambda^2}{4\pi^2 R^2} i_1$$

$$I_{\text{streu},\parallel} = I_{\text{e},\parallel} \frac{\lambda^2}{4\pi^2 R^2} i_2$$

Hierbei beschreibt I_{e} die Intensität (Leistung pro Fläche) der polarisierten einfallenden Strahlung mit der Wellenlänge λ. Der Anteil der senkrecht zur Streuebene polarisierten einfallenden Strahlung $I_{\text{e},\perp}$ wird durch die Intensitätsfunktion i_1 gewichtet. Analog dazu wird der parallel zur Streuebene polarisierte Anteil der einfallenden Strahlung $I_{\text{e},\parallel}$ mit i_2 gewichtet. Die Intensitätsfunktionen i_1 und i_2 sind abhängig von dem Verhältnis des Partikeldurchmessers zur Wellenlänge d/λ, vom (relativen) komplexen Brechungsindex $\underline{m}$ und vom Streuwinkel θ_i.

Nimmt man an, dass die einfallende Strahlung I_{e} unpolarisiert ist mit

$$I_{\text{e}} = \frac{1}{2} \cdot (I_{\text{e},\perp} + I_{\text{e},\parallel})$$

so vereinfacht sich die Berechnung zu

$$I_{\text{streu}} = I_{\text{e}} \frac{\lambda^2}{8\pi^2 R^2} (i_1 + i_2)$$

Die aufwändigen Berechnungen der Intensitätsfunktionen lassen sich heutzutage problemlos mit Hilfe eines Computers bewerkstelligen. In dieser Arbeit wurde ein von Kraus [41] vorgestellter Algorithmus für die Berechnungen angewandt.

Die von Mie vorgestellte Gleichung ist allgemeingültig ([29], [39]), dennoch vereinfacht sich die Berechnung in bestimmten Bereichen des Verhältnisses d/λ. Zur Veranschaulichung der verschiedenen charakteristischen Bereiche der Streuung ist im folgenden Bild 2.2 das Verhältnis der Streuintensität zur Intensität des einfallenden unpolarisierten Lichts auf spiegelnde Kugeln ($\underline{m} \to \infty$) über das Verhältnis $\pi d/\lambda$ aufgetragen. Das Verhältnis $\pi d/\lambda$ wird in der Literatur oft Größenparameter genannt. Um einen Vergleich mit anderen Literaturstellen zu vereinfachen, wird auch hier $I_{\text{streu}}/I_{\text{e}}$ durch die Projektionsfläche $\pi(d/2)^2$ der streuenden Kugel geteilt.

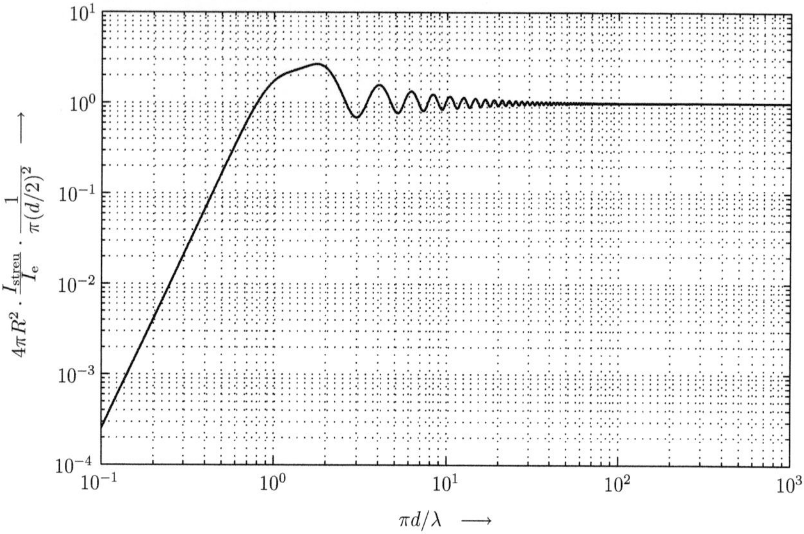

Bild 2.2: Streuintensität einer vollständig reflektierenden Kugel als Funktion von d/λ bei $\theta_i = 90°$

Bei Betrachtung des Bildes 2.2 können drei charakteristische Bereiche erkannt werden: Im ersten Bereich für $d/\lambda \ll 1$ ist der Partikeldurchmesser wesentlich kleiner als die Wellenlänge. Dieser Bereich wird auch „Rayleigh-Bereich" genannt, da vor Mies Veröffentlichungen 1908, u.a. Lord Rayleigh bereits 1871 (bzw. 1881) Untersuchungen zur Streuung von Licht vorstellte [39]. Dabei nahm er an, dass die streuenden Partikel so klein sind im Verhältnis zur Wellenlänge, dass das elektromagnetische Feld in ihnen uniform ist. Seine Berechnungen stimmen für kleine Partikel im Verhältnis zur Wellenlänge mit den

Berechnungen von Mie überein sofern die Partikel einen niedrigen und reellwertigen Brechungsindex aufweisen ([39] Seiten 33, 34, (57) und 84). Vorteil der Berechnungen nach Rayleigh ist der niedrigere Rechenaufwand. Die Intensität des gestreuten Lichts lässt sich nach Rayleigh mit dem Partikeldurchmesser d, dem Brechungsindex $\underline{m}$, dem Beobachtungsabstand R, dem Streuwinkel θ_i und der Wellenlänge λ wie folgt berechnen [39]:

$$I_{\mathrm{streu},\perp} = I_{\mathrm{e},\perp} \frac{16\pi^4 (d/2)^6}{R^2 \lambda^4} \left| \frac{\underline{m}^2 - 1}{\underline{m}^2 + 2} \right|^2$$

$$I_{\mathrm{streu},\|} = I_{\mathrm{e},\|} \frac{16\pi^4 (d/2)^6}{R^2 \lambda^4} \left| \frac{\underline{m}^2 - 1}{\underline{m}^2 + 2} \right|^2 \cos^2(\theta_i)$$

Für unpolarisiertes Licht mit der Intensität I_{e} gilt:

$$I_{\mathrm{streu}} = I_{\mathrm{e}} \frac{8\pi^4 (d/2)^6}{R^2 \lambda^4} \left| \frac{\underline{m}^2 - 1}{\underline{m}^2 + 2} \right|^2 \left(1 + \cos^2(\theta_i)\right)$$

Charakteristisch für diesen Bereich ist ein stetiger Anstieg der Streuintensität mit zunehmendem Partikeldurchmesser, falls die Wellenlänge konstant gehalten wird. Andersherum steigt bei Partikeln mit gleicher Größe die Streuintensität bei immer kleiner werdenden Wellenlängen stetig an: $I_{\mathrm{streu}}/I_{\mathrm{e}} \sim \lambda^{-4}$. Kleine Partikel streuen somit blaues Licht mit einer Wellenlänge von z.B. $\lambda_{\mathrm{blau}} = 410$ nm etwa 8 mal intensiver als rotes Licht mit $\lambda_{\mathrm{rot}} = 690$ nm. Dies ist auch die Erklärung, warum der Himmel blau ist.

Ein zweiter interessanter Aspekt im „Rayleigh-Bereich“ ist die starke Abhängigkeit des Polarisationsgrads des Streulichts vom Streuwinkel. Der Anteil des einfallenden Lichts mit der Polarisation senkrecht zur Streuebene wird in der Streuebene in alle Richtungen gleichermaßen stark gestreut. Die Intensität des Lichts mit der Polarisation parallel zur Streuebene ist hingegen eine Funktion von $\cos^2(\theta_i)$ und demzufolge im Winkel von $\theta_i = 90°$ gleich Null.

Der zweite Bereich der Kurve aus Bild 2.2 beschreibt die Streuung an Partikeln mit einem Durchmesser ähnlich der Wellenlänge des Lichts, das sie streuen, somit für $d/\lambda \approx 1$. Dieser Bereich wird in der Literatur oft „Mie-Bereich“ oder auch „Resonanz-Bereich“ bezeichnet [78]. Besonders charakteristisch in diesem Bereich sind große Schwankungen der gestreuten Intensität aufgrund von Reflexionen, Interferenzen der Wellen innerhalb der streuenden Kugel, Beugungseffekte und Oberflächenwellen auf der Kugel ([39] Seite 130, [65], [78]).

Wächst das Verhältnis d/λ weiter an, so ist in Bild 2.2 zu beobachten, dass die Wellenlängenabhängigkeit verschwindet. Der dritte Bereich wird auch „optischer Bereich genannt“. In diesem Bereich kann die Streuung durch das Zusammenspiel von Beugung, Reflexion und Brechung erklärt werden. Die Intensität der Streuung ist im Fall von großen Kugeln (für $\theta_i = 90°$):

$$I_{\text{streu}} = \frac{I_{\text{e}} \cdot \pi (d/2)^2}{4\pi R^2}$$

Im Bild 2.3 ist das Verhältnis der Streuintensität zur einfallenden Intensität über dem Verhältnis d/λ und dem Streuwinkel θ_i aufgetragen. Wie in Bild 2.2 wird auch im Bild 2.3 der Wert von $I_{\text{streu}}/I_{\text{e}}$ durch $\pi(d/2)^2$ geteilt und der Übersicht halber mit $4\pi R^2$ multipliziert. Die Funktion aus Bild 2.2 entspricht einem Schnitt bei $\theta_i = 90°$. Man kann in Bild 2.3 erkennen, dass mit steigendem Wert d/λ sich die Funktion dem konstanten Wert 1 nähert. In genügend großen absorbierenden Kugeln wird das Licht welches in die Kugel gelangt vollkommen absorbiert und die Streuung ist allein eine Funktion der Beugung und Reflexion ([39], Seite 120). Im Falle einer vollkommen reflektierenden Kugel entsteht kein inneres Feld (da $\underline{m} \to \infty$). Das auf die Kugel auftreffende Licht wird vollkommen reflektiert, bzw. im Bereich kleiner Winkel zusätzlich gebeugt. Bei kleineren Streuwinkeln tritt die vollständige Reflexion erst bei größeren Verhältnissen von d/λ auf. Im Bereich der Vorwärtsstreuung ($\theta_i = 0°$) steigt die Intensität mit wachsendem d/λ stetig an, weit über den Intensitätswert der einfallenden Welle. Dies lässt sich wiederum durch die Beugung des Lichts an der Kugel erklären. Nach dem Babinetschen Prinzip wird die gleiche „Menge“ an Licht von einer kreisrunden, absorbierenden Scheibe an ihren Rändern gebeugt, wie von ihr absorbiert wird ([47], Seite 185 und [66], Seite 85). Laut der Fraunhoferschen Beugung (Fernfeldbeugung) „verengt“ sich das hervorgerufene Beugungsmuster einer kreisrunden Scheibe bei größer werdendem Verhältnis von d/λ. Somit konzentriert sich die Lichtmenge des gestreuten Lichts auf einen immer kleineren Winkelbereich im Bereich der Vorwärtsstreuung und bewirkt eine immer höhere Streuintensität ([39] Seite 106-107, [29] Seite 756 und [3]). Das Muster des gestreuten Lichts einer genügend großen (z.B. $(d/\lambda) = 100$) Kugel stimmt im Bereich kleiner Streuwinkel mit dem Beugungsmuster (nach Fraunhof [29]) einer kreisrunden Scheibe gut überein (siehe auch [39] Seite 91).

Es kann somit zusammengefasst werden, dass im Falle einer genügend großen Kugel mit $\underline{m} \to \infty$ das ganze auf sie treffende Licht an ihr reflektiert wird und eine ebenso große Menge an Licht von ihr gebeugt wird ([39] Seite 107). Sie wirkt somit wie eine primitive Sammellinse [29][1]. Es sei jedoch erneut darauf hingewiesen, dass das Bild 2.3 nur das Verhalten einer vollkommen reflektierenden Kugel beschreibt, somit $\underline{m} \to \infty$. Ist der Brechungsindex kleiner und sein imaginärer Teil gar vernachlässigbar, wie z.B. im Falle von Wasser, mit $\underline{m} \approx 1,33$, so ergibt sich ein davon vollkommen verschiedenes Intensitäts-Muster. Im Bild 2.4 ist für den gleichen Bereich wie im Bild 2.3 die Intensität des gestreuten Lichts an sphärischen Wassertropfen dargestellt.

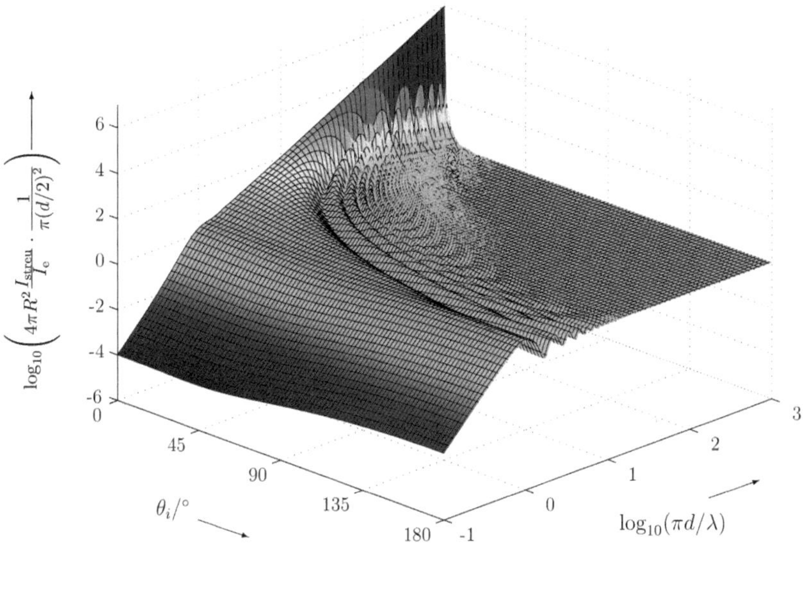

Bild 2.3: Streuintensität einer reflektierenden Kugel

[1]Dieser Effekt wird auch Poissonsche Fleck genannt, obwohl Poisson mit der Schlussfolgerung eines hellen Fleckes im „Schatten" eines Hindernisses eher die Wellentheorie anfechten wollte als sie zu bestätigen ([29], Seite 793).

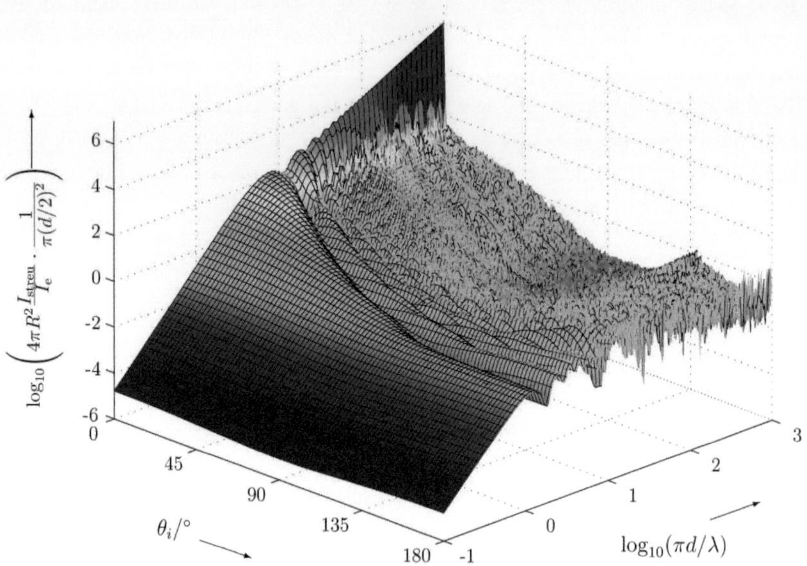

Bild 2.4: Streuintensität eines sphärischen Wassertropfens

Die Beschreibung aller Unterschiede zwischen den beiden Bildern 2.4 und 2.3 würde den Rahmen dieser Arbeit sprengen. Dennoch sind drei besonders interessante Punkte hervorzuheben. Im Bild 2.3 (reflektierende Kugel) fällt die Intensität des gestreuten Lichts im Bereich großer Werte von d/λ schnell auf einen konstanten Wert ab, vergrößert man den Streuwinkel. Der Einfluss des an der Kugel gebeugten Lichts wird bei größeren Werten von θ_i vernachlässigbar und die Streuintensität wird durch die Reflexionen an der Kugel bestimmt. Im Falle einer „durchsichtigen“ Kugel, wie im Bild 2.4 ist dies nicht der Fall. Im gleichen Bereich (d.h. für große Werte von d/λ) fällt die Intensität als Funktion des Streuwinkels viel langsamer ab. Somit wirken die Wassertropfen wie Sammellinsen. Im Bild 2.4 ist bei sehr großen Kugelabmessungen im Bereich von $\theta_i \approx 138°$ ein lokales Maximum zu sehen ist. Dieser Winkel entspricht dem Winkel unter dem das Licht nach einer internen Reflexion innerhalb der Wasser-Kugel wieder austritt (siehe auch [9], Seiten 174 bis 176). Dieser ist der Winkel, unter dem Regenbögen zu sehen sind.

Ein letzter interessanter Punkt ist im Bereich sehr kleiner Werte von d/λ zu sehen. Für sehr kleine Partikel (kleines Verhältnis d/λ) im Bild 2.4 liegt der kleinste Wert der gestreuten Intensität bei $\theta_i = 90°$. Dieses Ergebnis geht auch aus der Approximation nach Rayleigh hervor.

2.2 Lichtstreuung an Aerosolen

Die bislang vorgestellten Überlegungen und Berechnungsformeln für die Streuung von Licht bezogen sich auf ein einziges Partikel mit der, aufgrund der Symmetrie, einfachsten geometrischen Form einer Kugel. In vielen Applikationen, wie auch in dieser Arbeit, wird jedoch nicht das gestreute Licht eines einzigen Partikels gemessen, sondern einer Anzahl N an Partikeln die sich im Streuvolumen V befinden. Nimmt man an, dass es sich um inkohärente Einfachstreuung handelt, so können die Streuintensitäten der einzelnen Partikel addiert werden ([9], [57]). Natürliche Aerosole sind jedoch meistens nicht monodispers hinsichtlich der Partikelgröße, was zur Folge hat, dass das gestreute Licht der verschieden großen Partikel sich überlagert. Im Bild 2.5 sind über den Streuwinkel θ_i die Streuintensitäten von zwei Aerosolen mit dem Brechungsindex $\underline{m} = 1,33$ (für Wasser) aufgetragen. Im Falle der durchgezogenen Linie handelt es sich um an Nebel gestreutem roten Licht, mit $\lambda = 650$ nm. Die Partikelgrößenverteilung aus [85] wurde durch eine Log-Normal-Verteilung beschrieben. Der Modalwert der Verteilung liegt bei $d = 40$ μm. Im Falle der gestrichelten Linie handelt es sich um ein monodisperses Aerosol mit einem Partikeldurchmesser von $d = 40$ μm.

Vergleicht man beide Linien im Bild 2.5, so ist zunächst zu erkennen, dass das monodisperse Aerosol starke Schwankungen in Abhängigkeit vom Streuwinkel zeigt. Hingegen weist das polydisperse Aerosol einen quasi monotonen Verlauf auf, bis etwa $\theta_i = 120°$. Durch die Überlagerung des Streulichts von verschieden großen Partikeln heben sich die starken Schwankungen gegeneinander auf und die Funktion des gestreuten Lichts über den Streuwinkel verliert an Details (siehe auch [57]). Deutlich zu sehen ist jedoch weiterhin das lokale Maximum bei etwa 138°, das an nebligen Tagen als Nebelbogen (in Analogie zum Regenbogen) beobachtet werden kann.

Ein weiterer Einfluss auf die Streueigenschaften entsteht durch den Imaginärteil des komplexen Brechungsindexes. Der zu erwartende Wertebereich von $\underline{m}$ für die im sichtbaren Wellenlängenbereich gemessenen Aerosole im Rahmen dieser Arbeit ist schmal. Die Tabelle 2.1 soll eine kleine Übersicht über die in der Literatur üblicherweise angenommenen $\underline{m}$-Werte für die in dieser Arbeit interessanten Aerosole liefern. Es ist jedoch zu beachten, dass diese Werte nur Richtwerte sind. Die tatsächlichen Werte können je nach Literaturangabe stark schwanken, so z.B. auch der Wert für den Rauch von offenen Bränden [79]. In [50] wird er sogar mit $\underline{m} = 1,75 \; - \; j0,4$ angegeben.

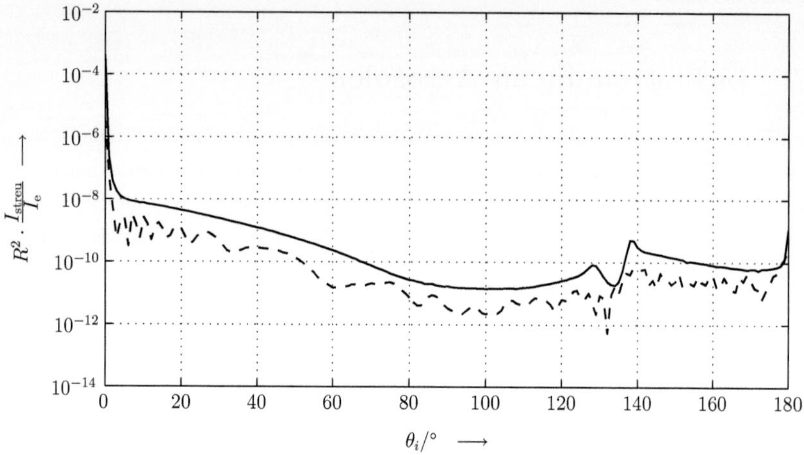

Bild 2.5: Streuintensität eines monodispersen (gestrichelte Linie) und eines polydispersen Aerosols (Nebel) als Funktion von θ_i

In Bild 2.6 ist das Verhältnis der Streuintensität einer Kugel mit dem Brechungsindex von TF2 über das Verhältnis d/λ und dem Streuwinkel θ_i aufgetragen. Um einen Vergleich zu ermöglichen, wurden alle Parameter den Parametern der Bilder 2.4 und 2.3 gleichgesetzt.

Stoff	$\Re(\underline{m})$	$\Im(\underline{m})$	Wellenlängenbereich	Literaturquelle
Luft	1,00	0	300 – 700 nm	[48]
Wasser	1,33 - 1,35	≈ 0	300 – 700 nm	[48]
Staub	1,53 - 1,57	0,004 - 0,008	300 – 700 nm	[50], [80]
EN54-TF2	1,57	0,01	532 nm	[36]
EN54-TF3	1,55	0,02	532 nm	[36]
Rauch von offenen Bränden	1,57	0,56	300 – 700 nm	[11], [79], [81]

Tabelle 2.1: Werte des komplexen Brechungsindexes verschiedener Aerosole

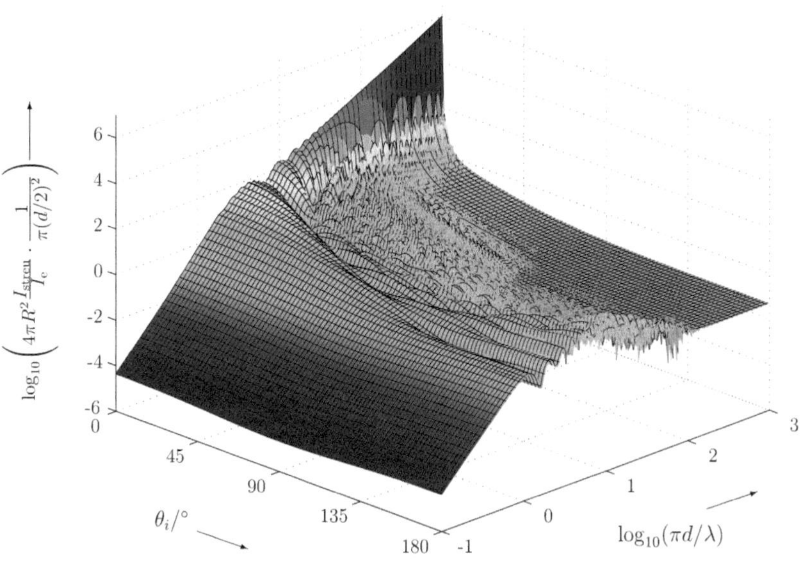

Bild 2.6: Streuintensität einer sphärischen Kugel mit $\underline{m} = 1,57 - \mathrm{j}0,01$

Vergleicht man das Streuverhalten der Kugeln mit dem Brechungsindex von TF2 mit dem Streuverhalten der sphärischen Wassertropfen, so ist zunächst ein Unterschied im Bereich großer Werte des Größenparameters $\pi d/\lambda$ zu beobachten. Im Vergleich zur Kurve für Wasser, weist die Kurve für TF2 einen flacheren Verlauf auf im Bereich von $\pi d/\lambda >$ 30. Der Übersicht halber ist im Bild 2.7 das Verhältnis $I_{\text{streu,TF2}}/I_{\text{streu,wasser}}$ über den Streuwinkel und den Größenparameter aufgetragen.

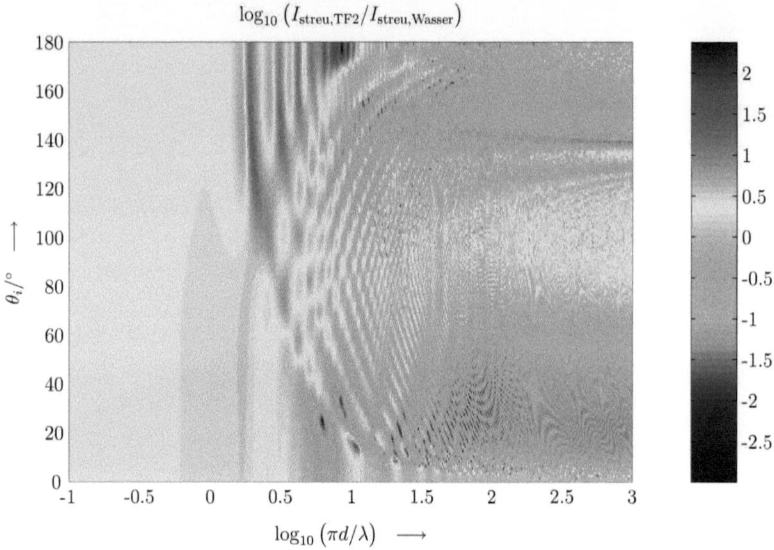

Bild 2.7: Vergleich zwischen den Streulichtintensitäten von TF2 und Wassertropfen

Im Bereich kleiner Partikel streuen TF2-Kugeln etwa 3x intensiver als Wasserkugeln. Der Grund dafür liegt im höheren Realteil des Brechungsindexes für TF2. Die Auswirkungen des imaginären Anteils von $\underline{m}$ zeigen sich erst bei großen Partikeln im Bereich der Vorwärts- und der Rückwärtsstreuung: die eindringende Strahlung wird im Falle von TF2-Partikeln teilweise absorbiert und führt zu einer schwächeren Streuung (siehe blaue Bereich im Bild 2.7). Im Bereich zwischen 80° und 120° streuen TF2 Partikel jedoch etwa 2x besser als Wasserkugeln.

Für Partikel mit den Werten von $\underline{m}$ für das TF3 sind die gleichen Ergebnisse zu erwarten. Für einen Vergleich mit Rauch von offenen Bränden ist zudem der Einfluss der

Partikel-Form zu beachten, da sie stark von der idealen Kugelform abweichen. Diese Untersuchung ist Bestandteil des nächsten Abschnitts.

2.3 Streuung von Licht an nichtkugelförmigen Partikeln

In vielen Literaturstellen werden Aerosolpartikel der Einfachheit halber als kugelförmig angenommen. Der Grund dafür liegt u.a. in der heutzutage relativ einfachen Berechnung von Streuintensitäten mit Hilfe der Mieschen Lösung. Sie ist zwar für Partikel aller Größen und Brechungsindizes gültig, jedoch nur für kugelförmige Partikel. Die Annahme der Kugelform trifft jedoch nicht auf alle Aerosol-Typen zu. Je nach tatsächlicher Partikel-Form kann diese Annahme zu großen Fehlinterpretationen der Daten führen. Einige zu beobachtende Effekte beruhen allein auf der Tatsache der nicht gegebenen Kugelform der Partikel, wie z.B. ein Halo. Diese dem Regenbogen ähnliche Erscheinung ist eine Auswirkung der hexagonalen Struktur von Eiskristallen in hohen Wolken (eine ausführliche Beschreibung des Effektes mit sehr schönen Aufnahmen ist in [55] zu finden).

Im Bereich der Brandentdeckung ist das Streuverhalten von z.B. Rauch und möglicher Fehlalarmquellen wie Nebel oder Staub von großem Interesse. Rauch lässt sich grob in zwei Kategorien aufteilen: Rauch von Pyrolyse oder Schwelbränden (zum Beispiel EN 54 Test-Feuer TF2 und TF3) und Rauch von offenen Bränden (z.B. TF1, TF4, TF5 und TF7). Rauch von Pyrolyse oder Schwelbränden kann durch kugelförmige Partikel beschrieben werden [36]. Rauch von offenen Bränden weist jedoch eine Kettenstruktur auf, die nicht mehr allein durch die von Mie aufgestellte Lösung beschreibbar ist. Ein ähnliches Problem stellt sich bei der Analyse des Streuverhaltens von Staub. In den nächsten zwei Abschnitten wird ein kurzer Überblick über die Unterschiede des Streuverhaltens von Rauch von offenen Bränden und Staub gegenüber dem Streuverhalten von Aerosolen bestehend aus äquivalenten kugelförmigen Partikeln gegeben.

2.3.1 Streuung an Staub

Besonders in der Klimaforschung sind in den letzten Jahren aufwändige Messkampagnen durchgeführt worden (z.B. [82]), um den Einfluss der Form und der Beschaffenheit von Staubpartikeln auf das Klima zu erforschen oder ferne Galaxien durch z.B. Satelliten oder Lidar Systeme zu erkunden. Staubpartikel können sehr komplexe Formen aufweisen, mit scharfen Kanten und rauer Oberfläche, diese sind somit durchaus sehr verschieden von der Kugelform. Die Berechnung des Streuverhaltens solcher Partikel erweist sich als extrem schwierig, bzw. sehr rechenaufwändig. Je nach Struktur der Partikel, deren Streuverhalten berechnet werden soll, können verschiedene numerische Algorithmen, wie z.B. die T-Matrix Methode oder die Diskrete Dipol Approximation eingesetzt werden [57]. Ein weiterer, aufwändiger Ansatz zur Charakterisierung des Streuverhaltens ist der Nachbau der Partikel in einem größeren Maßstab. Anschließend wird ihr Streuverhalten anhand von Messungen im Mikrowellenbereich untersucht. Eine detaillierte Beschreibung der einzelnen Verfahren würde den Rahmen dieser Arbeit sprengen. Einen guten Einblick in die Verfahren bietet das Buch [57].

Um den Einfluss der Form auf die Streuung zu untersuchen, wurden Simulationen an Aerosolen mit Partikeln mit zunächst sphäroidaler Form mit Simulationen an Aerosolen mit kugelförmigen Partikeln verglichen [57]. Die Partikelgrößen und deren Werte für $\underline{m}$ wurden an den z.B. in [82] ermittelten Parametern angelehnt. Sphäroide unterscheiden sich weiterhin stark von der tatsächlichen Form der Staubkörner und sollten daher ebenfalls als eine Annäherung betrachtet werden.

Um den tatsächlichen Formen von Staub näher zu kommen, wurden von Sokolik und Kalashnikova Simulationen an gemischten Aerosolen durchgeführt ([34] und [35]). Dabei wurden sowohl kugelförmige Partikel, als auch Partikel mit scharfen Kanten und Sphäroiden zu bestimmten Anteilen in einem virtuellen Aerosol gemischt. Die Ergebnisse der Simulationen wurden anschließend mit den Berechnungen für ein Aerosol bestehend aus Kugeln mit äquivalentem Volumen verglichen. Die Daten für Form und Beschaffenheit des gemischten Aerosols lieferten Untersuchungen an Staub-Proben mit Elektronen-Mikroskopen. Die Ergebnisse der Simulationen zeigen, dass die größten Unterschiede der gestreuten Intensität zwischen beiden Aerosolen erst im Bereich der Rückstreuung auftreten (ab etwa 100°). Der Verlauf der Intensität über θ_i ist für Staubpartikel „flacher“ als für Kugeln. So ist für den Fall der Rückstreuung an Staub die Intensität nur halb so groß wie die zu erwartende Intensität der Streuung an (volumen-äquivalenten) Sphären. Im Bereich der Vorwärtsstreuung treten nennenswerte Unterschiede erst bei Winkeln kleiner als 10° auf. Dort streuen nicht-kugelförmige Aerosole weniger als äquivalente Aerosole aus Kugeln. Außerdem zeigt Kalashnikova in [34], dass die Unterschiede im Bereich kleiner Wellenlängen größer sind als z.B. im Bereich der IR Strahlung (siehe auch [95]).

2.3.2 Streuung an Rauch von offenen Bränden

Partikel in Rauch von offenen Bränden zeigen eine andere Struktur als Staubpartikel. Sie bestehen aus Gebilden, die aus vielen kleinen Kohlenstoff-Kugeln mit wenigen 10 Nanometer Durchmesser zusammengesetzt sind. Diese Aggregate bilden Ketten- und Ast-ähnliche Strukturen und können bis zu einigen Mikrometern lang werden (siehe [59]).

Bei der Beschreibung des Streuverhaltens von Aggregaten wird oft die Rayleigh-Debye-Gans (RDG) Approximation eingesetzt. Besonders zur Anwendung bei Aggregaten, die den Rauch von offenen Bränden bilden, wurden zahlreiche Untersuchungen angestellt. In [81] fasst Sorensen die Ergebnisse dieser Studien zusammen. Grundidee der RDG Approximation ist die Aufteilung der streuenden Partikel in kleine Zellen. Jede Zelle wird als unabhängig betrachtet und ihre „Reaktion" auf die einfallende Welle berechnet. Das Verhalten des ganzen Partikels ist dann die Summe der Effekte aller einzelnen Zellen. Nachteil des Verfahrens ist der dabei vernachlässigte gegenseitige Einfluss von benachbarten Zellen. Die Berechnung der gestreuten Intensität anhand der RGD ist daher nur gültig, wenn folgende Bedingung eingehalten wird:

$$2\left(\frac{2\pi}{\lambda}\right)R_{\mathrm{g}}|\underline{m}-1|<1$$

λ ist hier die Wellenlänge der einfallenden Strahlung, R_{g} ist der Trägheitsradius (engl.: „radius of gyration") und $\underline{m}$ ist der komplexe Brechungsindex. In der ursprünglichen Version von Rayleigh (siehe z.B. [39]) wurde diese Grenze sogar auf Werte wesentlich kleiner als 1 gelegt. Wird diese Bedingung eingehalten, errechnet sich die Streuintensität wie folgt ([39], [81]):

$$\begin{aligned}
I_{\mathrm{streu},\perp} &= I_{\mathrm{e},\perp}\frac{16\pi^4(d/2)^6}{R^2\lambda^4}\left|\frac{\underline{m}^2-1}{\underline{m}^2+2}\right|^2 P(q) \\
I_{\mathrm{streu},\parallel} &= I_{\mathrm{e},\parallel}\frac{16\pi^4(d/2)^6}{R^2\lambda^4}\left|\frac{\underline{m}^2-1}{\underline{m}^2+2}\right|^2 \cos^2(\theta_i)\; P(q)
\end{aligned}$$

Für unpolarisiertes Licht mit der Intensität I_{e} gilt:

$$I_{\mathrm{streu}} = I_{\mathrm{e}}\frac{8\pi^4(d/2)^6}{R^2\lambda^4}\left|\frac{\underline{m}^2-1}{\underline{m}^2+2}\right|^2\left(1+\cos^2(\theta_i)\right)\; P(q)$$

d ist der Zellendurchmesser. Zweckmäßig wird d gleich dem Durchmesser derjenigen Partikel (Kugeln) gesetzt, aus denen sich die einzelnen Aggregate zusammensetzen. $P(q)$ ist der sog. Form- bzw. Strukturfaktor, wobei q definiert ist als [81]:

$$q = \frac{4\pi}{\lambda}\sin(\theta_i/2)$$

Für Aggregate die sich aus N Kugeln zusammensetzen nimmt der Formfaktor verschiedene Werte an, je nach Größe der Aggregate bzw. Streuwinkel [81]:

$$P(q) = \begin{cases} N^2 & \text{für} \quad qR_g \ll 1 \\ N^2(1-(qR_g)^2/3) & \text{für} \quad qR_g \lesssim 1 \\ N^2C(qR_g)^{-D} & \text{für} \quad qR_g > 1 \end{cases}$$

Wenn das Verhältnis von R_g zur Wellenlänge sehr klein ist, bzw. bei sehr kleinen Streuwinkeln ist die Intensität direkt proportional zum Quadrat der Anzahl an Kugeln die das Aggregat zusammensetzen. Für sehr große Aggregate, bzw. kleine Wellenlängen (oder große Winkel) ist $P(q) \sim (qR_g)^{-D}$. Dabei ist D die „Fraktale Dimension“ des Aggregates. Für Aggregate im Rauch von offenen Bränden wird $D \approx 1,8$ und $C \approx 1$ angegeben ([81], [86]).

Hier ist zu bedenken, dass die RDG Approximation auch nur eine solche ist. Durch die vernachlässigte Mehrfachstreuung zwischen den einzelnen Zellen des Aggregates werden Effekte nicht berücksichtigt, wie z.B. die Depolarisation. Ein weiterer wichtiger Aspekt ist die Tatsache, dass das Verhältnis der Wellenlänge zur Größe der einzelnen Partikel, die die Aggregate bilden, im Rayleigh-Bereich liegen muss. Letztendlich muss auch der komplexe Brechungsindex nahe 1 liegen [39]. Nichtsdestotrotz, für aggregatförmige Rauchpartikel mit $D \approx 1,8$ und einer Betrachtung im sichtbaren Wellenlängenbereich ist die Approximation offenbar hinreichend gut [81].

Bild 2.8 zeigt den Verlauf der Streuintensität von Aggregaten im Rauch eines offenen Brandes über den Streuwinkel und den Größenparameter. Die Wellenlänge von λ = 650 nm wurde gewählt, da sie dem Wellenlängen-Bereich der in der Arbeit verwendeten Laser entspricht. Die Aggregat-Größe wurde so variiert, dass ihr Material-Volumen dem Volumen einer Kugel mit dem Radius d_{aequiv} entspricht. Für einen besseren Vergleich mit den vorherigen Bildern wurde die Funktion auch hier mit $4\pi R^2$ multipliziert und durch die Projektionsfläche volumengleicher Kugeln geteilt.

Besonders auffällig im Vergleich zu Bild 2.6 (TF2) ist der flache Verlauf der Streuintensität von Agglomeraten. Es sind keine starken Schwankungen wie im Falle von Kugeln vorhanden. Zudem steigt der Wert der Streuintensität mit größer werdenden Aggregaten schneller an als bei volumengleichen Kugeln. Der Übersicht halber ist in Bild 2.9 das Verhältnis $I_{streu,agg}/I_{streu,TF2}$ über dem Streuwinkel und dem Größenparameter aufgetragen.

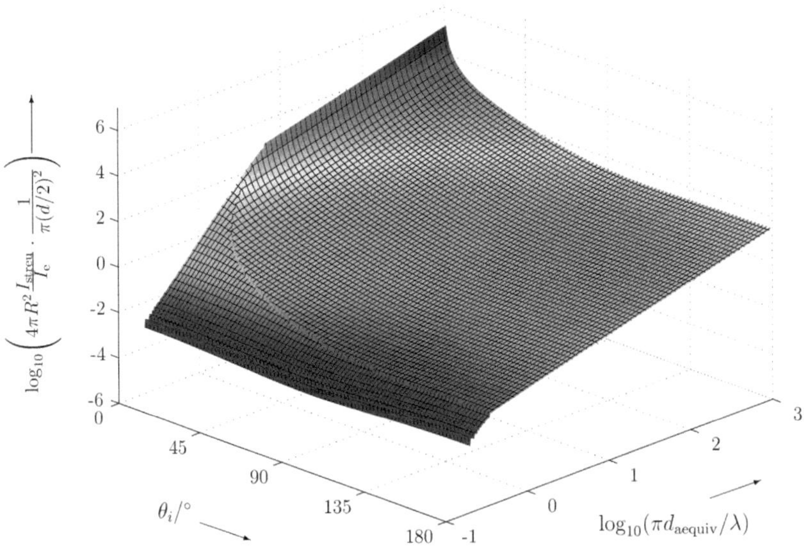

Bild 2.8: Streuintensität von Aggregaten mit $\underline{m} = 1,57 - \mathrm{j}0,56$

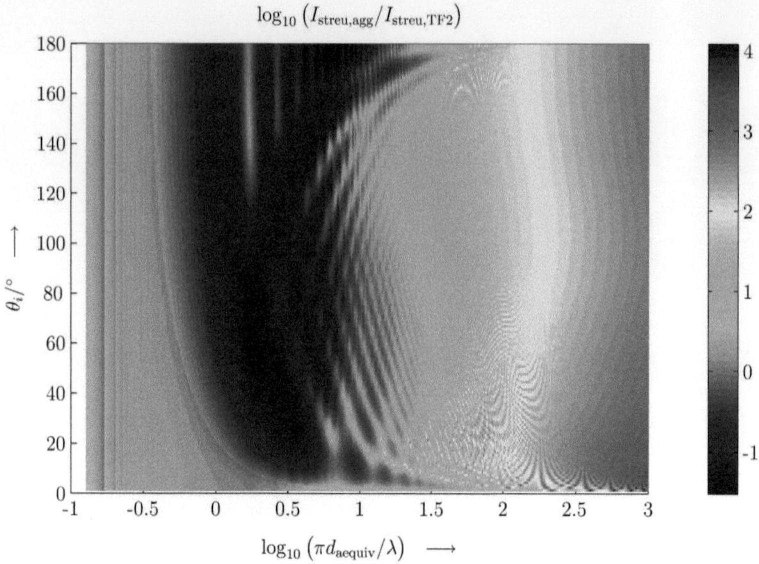

Bild 2.9: Vergleich zwischen den Streulichtintensitäten von Agglomeraten offener Brände und sphärischen TF2 Tropfen

Kleine Aggregate bestehend aus nur wenigen Kugeln streuen etwa gleich stark wie volumengleiche Kugeln. Größere Aggregate mit 5 bis 50 Kugeln streuen deutlich schwächer als äquivalente (runde) Tropfen eines TF2. Erst Gebilde aus 50 oder mehr Monomeren streuen erheblich stärker als vergleichbare Kugeln. Die höhere Streuintensität ist dadurch zu erklären, dass Aggregate eine größere Oberfläche aufweisen als Kugeln [81].

Von besonderem Interesse für diese Arbeit ist der Einfluss der Aggregat-Form auf den Polarisationsgrad σ_{pol}:

$$\sigma_{\text{pol}} = \frac{I_{\text{streu},\perp} - I_{\text{streu},\parallel}}{I_{\text{streu},\perp} + I_{\text{streu},\parallel}}$$

Zur Veranschaulichung wurde im Bild 2.10 σ_{pol} für ein Aerosol aus kugelförmigen Partikeln (gestrichelte Linie) und für ein Aerosol bestehend aus Volumen-äquivalenten Aggregaten (durchgezogene Linie) über den Streuwinkel θ_i aufgetragen. Die Partikelgrößenverteilung des „Kugel-Aerosols“ wurde an die gemessenen Daten in [36] angelehnt. Die Wellenlänge der einfallenden Strahlung ist $\lambda = 650$ nm (rot).

Die Aggregate im zweiten Aerosol besitzen das gleiche Volumen wie die Partikel aus dem ersten Aerosol und für alle Aerosol-Partikel wurde $\underline{m} = 1,57 - \mathrm{j}\ 0,56$ angenommen. Die Größe der kleinen Sphären, die die Aggregate bilden, wurde auf $d = 30$ nm gesetzt, in Anlehnung an [59].

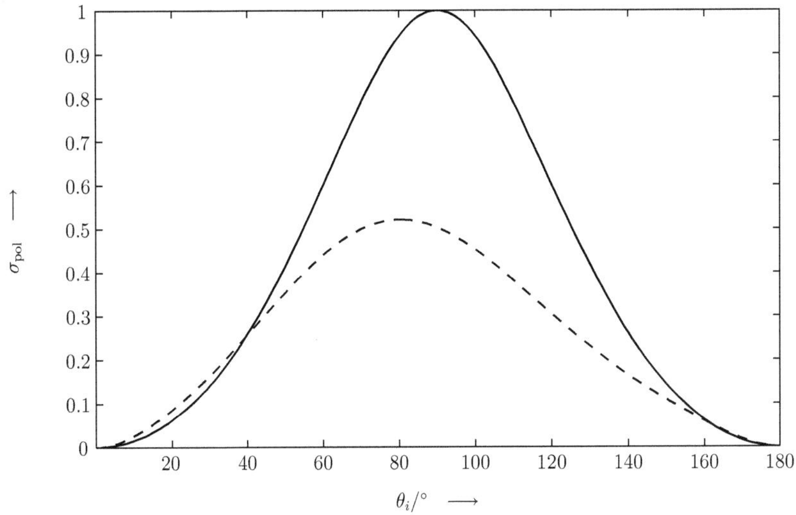

Bild 2.10: Polarisationsgrad der Streuintensität von Aerosolen mit kugelförmigen Partikeln (gestrichelte Linie) und Aggregaten (durchgezogene Linie)

Das Aerosol aus Aggregaten weist besonders im Bereich von $\theta_i = 90°$ einen wesentlich höheren Polarisationsgrad auf als das Aerosol aus kugelförmigen Partikeln. Die Kurve von σ_{pol} für ein Aerosol aus Aggregaten zeigt einen Verlauf, der charakteristisch ist für die Rayleigh-Streuung (Streuung an sehr kleinen Partikeln). Somit wird σ_{pol} nicht durch die Größe der Aggregate bestimmt, sondern durch die Größe der einzelnen Partikeln (Kugeln) die sie bilden. Ein Rückschluss auf die Größe der Partikel ist allein über σ_{pol} nicht möglich. Der Vergleich dieser Simulation mit den Messungen an Rauch von offenen Bränden von Weinert in [86] und Löpfe in [51] zeigt eine gute Übereinstimmung.

Kapitel 3

Messaufbau

Der Messaufbau besteht aus einer Beleuchtungseinrichtung und einem Bildsensor. Mit zwei Lasern wird eine dünne Luftschicht etwa 2,5 cm unterhalb der Decke (bzw. Grundplatte) beleuchtet. Diese wird durch einen Bildsensor, eine auf die beleuchtete Luftschicht fokussierte CCD-Kamera, beobachtet. In Bild 3.1 ist der Aufbau von der Seite aus zu sehen.

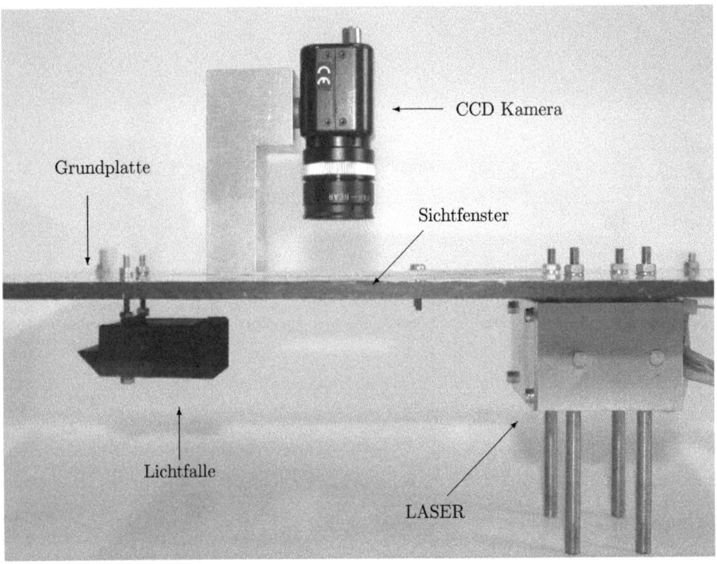

Bild 3.1: Messaufbau

Kamera, Laser und Lichtfalle sind an der Grundplatte befestigt. Um den Aufbau möglichst flexibel zu halten, ist der Abstand der Laser und der Lichtfalle verstellbar. Im Sichtbereich der Kamera ist in der Grundplatte ein Fenster angebracht, auf das weitere Filter montierbar sind.

Gewählt wurde die Schwarz-Weiß Kamera Typ WAT-502B der Fa. Watec mit einer hohen Empfindlichkeit von 0,003 lx und einer Farbtiefe von 8 Bit, d.h. 256 Graustufen. Die Beleuchtung der Messzone erfolgt über zwei parallel angebrachte Laser, die auf die Lichtfalle gerichtet sind. Der Laserstrahl verläuft parallel zur Grundplatte. Die Laser sind vom Typ VLM2.3-5L der Fa. Coherent. Sie strahlen bei 635 nm Wellenlänge eine Leistung von typischerweise 4,2 mW ab. Die Besonderheit der Laser ist ihr elliptisches Strahlprofil, mit einer Breite von etwa 5,3 mm und einer Höhe von ca. 1,7 mm. Die Laser sind parallel in einem Gehäuse montiert. Bild 3.2 zeigt die Frontansicht.

Bild 3.2: Lasergehäuse, Frontansicht

Die Laser sind von Werk aus parallel zur Hauptachse des elliptischen Strahlprofils polarisiert. Um eine polarimetrische Untersuchung zu ermöglichen, wurde die Polarisation eines Laserstrahls mit einem $\lambda/2$-Filter um 90° gedreht. Der resultierende Laserstrahl ist dadurch senkrecht zur Hauptachse polarisiert. Das $\lambda/2$-Filter ist auf der rechten Seite des Bildes zu sehen, eingefasst in einen schwarzen Ring.

Um die Messzone gegen Fremdlicht zu schützen wurde um den Aufbau herum ein Labyrinth konstruiert. Dieses besteht aus 9 Lamellen mit einer Rahmenbreite von 5 cm, die um die Messzone und Beleuchtungseinheit herum angebracht sind. Die Lamellen sind mit einer schwarzen Farbe gestrichen und wurden in einem Abstand von nur 1 cm angebracht. Somit ist der Innenraum des Labyrinths selbst bei Tageslicht sehr gut abgedunkelt, wobei der Einfluss auf die Strömungseingeschaften des Aerosols gering ist. Bild 3.3 zeigt das Labyrinth mit Bodenplatte, die den Messraum nach unten hin abschließt.

Bild 3.3: Labyrinth

In Bild 3.4 ist der gesamte Aufbau zu sehen. Um auch die Kamera vor Fremdlicht zu schützen, wird der obere Teil des Aufbaus mit einem Gehäuse abgedeckt. Analog zu herkömmlichen Rauchmeldern wurde bei Versuchen im Brandlabor das System so montiert, dass die Grundplatte bündig mit der Labordecke abschloss. Die Position der Messzone entsprach somit der Position der Messkammer üblicher Melder. Die Kamera befand sich dabei oberhalb des Deckenniveaus.

Bild 3.4: Messsystem

Als Beispiel für eine Aufnahme dient Bild 3.5, aufgenommen während eines Versuches mit Paraffinnebel.

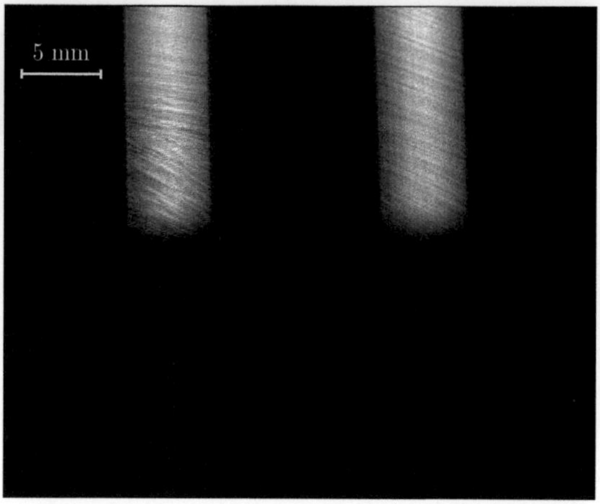

Bild 3.5: Aufnahme während eines Versuches mit Paraffinnebel

Im oberen Bereich von Bild 3.5 sind zwei helle Streifen zu sehen. Diese entstehen durch das gestreute Laserlicht am Aerosol. Die Streifenbreite beträgt etwa 5 mm und entspricht der Breite der Laserstrahlen. Die Auflösung des Bildes ist etwa 52 μm pro Pixel.

Für die polarimetrische Untersuchung des Streulichts wurden auf der Seite des Empfängers zusätzliche Polarisationsfilter angebracht. Diese sind so ausgerichtet, dass sie entweder die gleiche Polarisation des darunter verlaufenden Strahls besitzen oder senkrecht dazu polarisiert sind. So entstehen in der Aufnahme vier Felder, die sich aus der Kombination der verschiedenen Polarisationsorientierungen zwischen Laser und Filter ergeben. Um die Interpretation der Aufnahmen zu erleichtern ist in Tabelle 3.1 eine Schablone mit den Orientierungen der Polarisation der jeweiligen Laser und Filter zu sehen.

Laser $\perp$ Polfilter $\perp$	Laser $\|\|$ Polfilter $\|\|$
Laser $\perp$ Polfilter $\|\|$	Laser $\|\|$ Polfilter $\perp$

Tabelle 3.1: Schablone mit Polarisationsausrichtungen

Die Symbole $\perp$ und $||$ stehen für die senkrechte, bzw. parallele Orientierung der Polarisation in Bezug zur Streuebene. Demzufolge zeigt Bild 3.5, dass sowohl das parallele, als auch das senkrecht zur Streuebene polarisierte Licht gestreut wird. Die unteren zwei Felder sind dunkel. Dies ist ein Hinweis darauf, dass parallel polarisiertes Licht nach der Streuung parallel polarisiert bleibt. Analog dazu ist das Verhalten bei senkrechter Polarisation.

Die eingesetzte Kamera ist dem menschlichen Auge „nachempfunden“ und weist einen nichtlinearen Zusammenhang zwischen der gemessenen Bestrahlungsstärke und dem ausgegebenen Pixelwert auf. Laut Datenblatt besitzt die Kamera einen Gammawert von 0,45. Um die lineare Beziehung zwischen Intensität und dem dargestellten Pixelwert herzustellen, wird der gemessene Grauwert durch eine Gammakorrektur entzerrt. Zur Überprüfung dieser linearen Beziehung wurde der mit dem Aufbau gemessene und korrigierte mittlere Pixelwert $\bar{p}$ mit dem Extinktionskoeffizienten m_{ext} verglichen. Dieser wurde mit dem Messgerät MIREX der Fa. Cerberus gemessen und hat die Einheit dB/m. Der Extinktionskoeffizient ist direkt proportional zur Anzahl an Partikeln N (siehe auch [26]):

$$m_{\text{ext}} = \frac{10}{\ln(10)} \cdot C_{\text{ext}} \cdot N$$

C_{ext} ist der Extinktionsquerschnitt, der durch die Partikeleigenschaften (Größe und Brechungsindex) bestimmt wird. Der Faktor 10/ln(10) resultiert aus der Umrechnung in dB/m. Ein linearer Anstieg von m_{ext} deutet somit auf einen linearen Anstieg der Partikelanzahl, wenn angenommen wird, dass die Partikelgrößenverteilung und somit C_{ext} konstant bleibt. Für den kurzen Zeitraum der Messung im Rauchkanal können die Alterungsprozesse des Aerosols vernachlässigt werden und die Annahme ist gültig.

Ebenso direkt proportional zur Anzahl an Partikeln steigt die Streuintensität. Wie im Abschnitt 2 beschrieben kann die Streuintensität der einzelnen Partikel addiert werden solange es sich um Einfachstreuung handelt. Die Mehrfachstreuung ist in „optisch dünnen“ Medien laut [83] (Seite 241) vernachlässigbar. Bei Messungen mit dem Aufbau im Bereich von $m_{\text{ext}} \leq 1$ db/m ist die Annahme „optisch dünn“ gültig.

In Bild 3.6 ist der Extinktionskoeffizient m_{ext} und die mit dem Aufbau korrigierten, mittleren Pixelwerte (blaue und rote Linien) bei einem Versuch mit Paraffinöl über die Zeit t aufgetragen.

Die Messung erfolgte im Rauchkanal. Die blaue Linie zeigt den mittleren Pixelwert $\bar{p}_{\parallel}$ des rechten beleuchteten Streifens, d.h. für parallel zur Streuebene polarisiertes Licht. Analog dazu zeigt die rote Linie den Verlauf des mittleren Pixelwertes $\bar{p}_{\perp}$ des linken beleuchteten Streifens, d.h. für senkrecht zur Streuebene polarisiertes Licht.

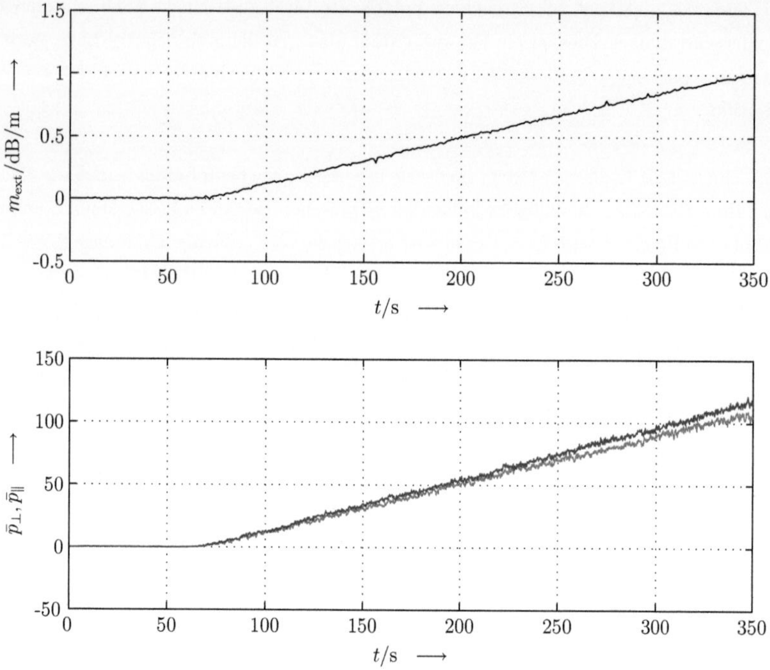

Bild 3.6: Vergleich zwischen m_{ext} und den mittleren Pixelwerten bei einem Paraffinversuch

Beide Werte zeigen einen linearen Anstieg, entsprechend dem Verlauf des Extinktionskoeffizienten. Somit stehen die korrigierten Pixelwerte in linearem Zusammenhang zur gemessenen Intensität des Streulichts. Auffällig ist, dass der Wert von $\bar{p}_\parallel$ etwas stärker ansteigt als der Wert von $\bar{p}_\perp$. Dieser Unterschied entsteht aufgrund der Streueigenschaft des Paraffinnebels und ist u.a. abhängig von der Partikelgrößenverteilung des Aerosols. Aus den Daten aus Bild 3.6 lässt sich der mittlere Polarisationsgrad

$$\sigma_{pol} = \frac{\bar{p}_\perp - \bar{p}_\parallel}{\bar{p}_\perp + \bar{p}_\parallel} \approx -0,04$$

errechnen. Basierend auf den Daten des Wartungsberichtes des Aerosolgenerators (der Fa. Lorenz) wurde eine entsprechende Simulation des Streuverhaltens von Paraffinnebel durchgeführt. Der Wert des simulierten Polarisationsgrads liegt im Bereich des Streuwinkels $\theta_i = 90°$ bei $-0,06$ und somit in guter Übereinstimmung mit dem aus der Messung (Bild 3.6) errechneten Wert.

Kapitel 4

Versuche und Versuchsbedingungen

Um einen Überblick über die Streueigenschaften typischer Brand- und Störaerosole zu bekommen, wurde eine Messkampagne mit verschiedenen Aerosolen durchgeführt. Die untersuchten Brandaerosole sind Produkte von standardisierten Testfeuern, die bei der Funktionsprüfung von Rauchmeldern durchgeführt werden. Zudem wurden Störaerosole ausgewählt, die häufig zu Fehlalarmen führen. Um einerseits möglichst reproduzierbare Versuche zu erzielen, und andererseits eine detallierte Beschreibung der Aerosole zu erhalten, wurde auch bei der Wahl der Störaerosole auf etablierte Standards zurückgegriffen.

Alle Brand- und die überwiegende Anzahl an Nichtbrandversuchen wurden im Brandentdeckungslabor (BEL) der Universität Duisburg-Essen durchgeführt. Dieser Abschnitt beschreibt die Versuche und die Versuchsbedingungen.

Testfeuer:

Eine Übersicht über die durchgeführten Testfeuer (TF) bietet die Tabelle 4.1. Der Versuch TF1 entspricht der EN54, Teil 9, da die aktuelle europäische Norm EN54, Teil 7 nur die Testfeuer TF2-TF5 vorsieht. Auf die Versuche nach Art eines TF6, nach EN54, Teil 9 wurde verzichtet, da sie keinen sichtbaren Rauch produzieren. In die Messreihe wurde ein weiterer, zur Prüfung von Rauchmeldern oft durchgeführter Versuch mit Decahydronaphthalin (Dekalin) aufgenommen.

TF	Brandart	Material	Menge des Brandmaterials
TF1	offener Zellulosebrand	Holz	72 Buchenhölzchen (1 cm x 2 cm x 25 cm)
TF2	Pyrolyse-Schwelbrand	Holz	12[1]Buchenhölzchen auf Kochplatte Hölzchen: (75 mm x 25 mm x 20 mm)
TF3	Glimm-Schwelbrand	Baumwolle	108[1] Lunten (ca. 3g, 80cm lang)
TF4	offener Kunststoffbrand	Polyurethan	4[1] Matten (50cm x 50cm x 2cm)
TF5	Flüssigkeitsbrand	n-Heptan (C_7H_{16})	650g + 3 Vol.% Toluen (Schale: 33cm x 33 cm x 5cm)
TF7	Flüssigkeitsbrand	Dekalin ($C_{10}H_{18}$)	170g + 5g Aethylalkohol (Schale: 12cm x 12cm x 2cm)

Tabelle 4.1: Testfeuer

Die Testfeuer wurden im Brandraum des BEL durchgeführt. Die Grundfläche des Raumes beträgt 10,5 m x 9,0 m, wobei die Deckenhöhe zwischen 2,87 m und 6,57 m einstellbar ist. Während der Versuche wurde die Decke auf einer konstanten Höhe von 4 m belassen. Der Messaufbau wurde an der Decke montiert, in einem radialen Abstand von 3 m von der Deckenmitte (3-Meter-Kreis). Das Brandmaterial befand sich bei allen Versuchen – ggf. in den dafür vorgesehenen Behältern – auf einer mittig stehenden Waage, in einer Höhe von etwa 45 cm über dem Boden. Während der Versuche wurden die Werte der Referenzgeräte MIC (Messionisationskammer) und MIREX (optisches Extinktionsmessgerät) der Fa. Cerberus aufgezeichnet. Beide Geräte befinden sich ebenfalls auf dem 3-Meter-Kreis.

Versuche mit Störaerosolen:

Die Versuche mit Paraffin, Staub, Wasserdampf und Wassernebel wurden in einem EN54 (Teil 7) konformen Rauchkanal durchgeführt. Dabei handelt es sich um einen geschlossenen Kanal mit einem Querschnitt von 40 cm x 40 cm. Der Kanal verfügt ebenfalls über die Referenzgeräte MIC und MIREX, die unmittelbar neben dem Versuchsaufbau in der Messzone platziert sind. Wenn nicht weiter angegeben, betrug die Windgeschwindigkeit im Kanal 0,2 m/s.

[1]An das Labor angepasste Werte (September 2002).

Bei den Paraffinversuchen wurde der Lorenz AGW/BM VI Paraffinölnebel-Generator eingesetzt. Staub wurde mit dem Feststoffpartikel Dispergierer RBG 1000 der Fa. Palas zerstäubt. Dabei wurden folgende Staubarten verwendet:

- ISO (International Organization for Standardization) Staub des Typs A1 Ultrafine (90 Vol.% der Partikel kleiner als 10 μm)
- ISO Staub des Typs A2 Fine (90 Vol.% der Partikel kleiner als 80 μm; 50 Vol.% der Partikel kleiner als 10 μm)
- ISO Staub des Typs A3 Medium (90 Vol.% der Partikel kleiner als 80 μm; 40 Vol.% der Partikel kleiner als 10 μm)
- ISO Staub des Typs A4 Coarse (90 Vol.% der Partikel kleiner als 180 μm)
- DMT (Deutsche Montan Technologie) Staub des Typs Dolomit 10 (90 Vol.% der Partikel kleiner als 10 μm)
- DMT Staub des Typs Dolomit 90 (90 Vol.% der Partikel kleiner als 60 μm)
- DMT Staub des Typs Cellulosepuder (mittlere Faserlänge 30 μm; mittlere Faserdicke 18 μm)

Der Wasserdampf wurde mit dem Gerät W14 der Fa. Wagner erzeugt und in den Rauchkanal eingeleitet. Bei den Wassernebelversuchen wurde mit einem Ultraschallzerstäuber Fogstar 600 der Fa. Seliger Nebel produziert, der mittels Druckluft in den Kanal transportiert wurde. Darin löste er sich auf und steigerte die Luftfeuchtigkeit im Kanal bis zum Erreichen des Taupunktes, bei dem die Feuchtigkeit zu Nebeltröpfchen kondensierte.

Kapitel 5

Streulichtmessung mit hoher örtlicher Auflösung

Die mit dem System erzielte örtliche Auflösung liegt bei etwa 52 μm pro Pixel. Die Größe von Partikeln mit nur wenigen Mikrometern Durchmesser, wie sie z.B. bei Rauch zu erwarten sind, kann daher mit dem System nicht gemessen werden. Dennoch unterscheiden sich die Streumuster von Aerosolen je nach dem wie groß die enthaltenen Partikel sind. Ziel des Verfahrens ist somit die Charakterisierung von Aerosolen anhand dieser Streumuster mit Hilfe von Methoden aus der Bildverarbeitung. Als Beispiel sollen die folgenden vier Aufnahmen in Bild 5.1 dienen. Sie zeigen die Streumuster eines TF1, TF2, eines Staubversuches (Typ ISO A3 Medium) und eines Versuchs mit Wasserdampf.

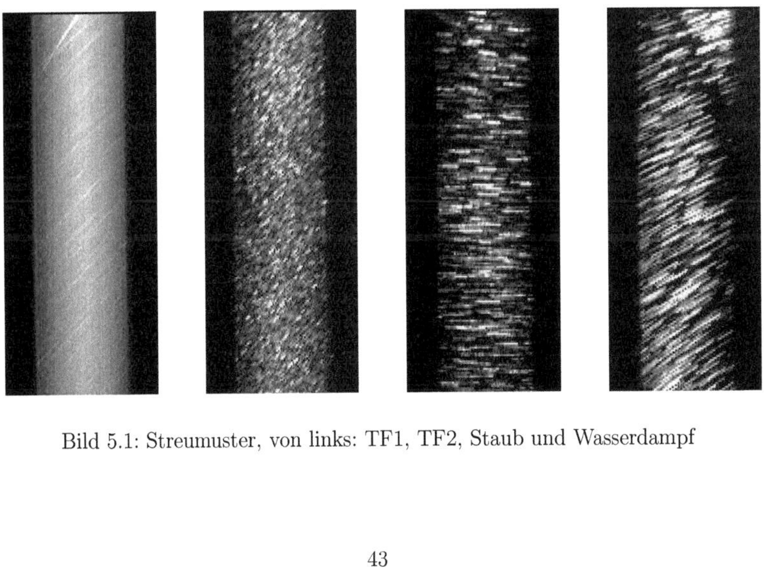

Bild 5.1: Streumuster, von links: TF1, TF2, Staub und Wasserdampf

Die Aufnahmen zeigen jeweils das linke obere Feld der Videosequenzen (vergleiche Bild 3.5). Dieses wurde für die Auswertung der Streumuster gewählt, da es durch Streuung von senkrecht zur Streuebene polarisiertem Licht entsteht. Somit werden auch kleine Partikel sichtbar (Rayleigh-Bereich), die unter dem Betrachtungswinkel von 90° besser senkrecht zur Streuebene polarisiertes Licht streuen.

In dieser Arbeit werden die gezeigten Muster in Bild 5.1 anhand von drei Eigenschaften beschrieben:

- Rauheit (oder Körnung),
- Ausrichtung (Richtung der Striche),
- durchschnittliche Helligkeit.

Der letzte Punkt entspricht dem Messprinzip eines üblichen Streulichtmelders mit einer Photodiode und soll als Indikator für die Aerosoldichte dienen (siehe dazu auch Bild 3.6). Anhand der Ausrichtung des Musters ist eine Schätzung der Strömungsrichtung des Aerosols möglich. Die eigentliche Charakterisierung des Aerosols soll anhand der Bildrauheit erfolgen. Dafür und letztendlich für den vorgeschlagenen Algorithmus ist die Information über die Strömungsrichtung notwendig. Somit ist die Schätzung des Anströmungswinkels Thema des nächsten Abschnittes.

5.1 Strömungsrichtung

Die Information über die Strömungsrichtung des Aerosols ist insofern von großer Bedeutung, dass eine Schätzung der Lage des Brandherdes möglich ist. Für die Auswertung der Strömungsrichtung sind jedoch übliche Algorithmen zur Bewegungsschätzung nur bedingt einsetzbar. Aufgrund des kleinen überwachten Bereiches unterscheiden sich schon bei Strömungsgeschwindigkeiten von etwa 0,2 m/s aufeinander folgende Videobilder sehr stark, sodass eine zuverlässige Bewegungsschätzung auf diesem Wege nicht möglich ist.

Mit zunehmender Strömungsgeschwindigkeit vergrößert sich auch die Bewegungsunschärfe. Diese erzeugt eine gerichtete Textur, aus der sich wiederum die Bewegungsrichtung schätzen lässt. Für das Auge besonders gut sichtbar ist der Effekt in der Wasserdampfaufnahme in Bild 5.1. Durch die hohe Geschwindigkeit der Wasserdampftropfen im Verhältnis zur Verschlusszeit der Kamera ergibt sich ein Strichmuster. Aus der Ausrichtung des Musters lässt sich schließen, dass die Strömung des Aerosols um etwa 30° entgegen dem Uhrzeigersinn gedreht zur Richtung des Laserstrahls verläuft.

Das Verfahren zur Bestimmung der Strömungsrichtung basiert auf der Ermittlung der maximalen „Leistung“ im Bild, in Abhängigkeit zur Betrachtungsrichtung. Um den Einfluss der nicht gleichmäßigen Ausleuchtung durch den Laser zu verringern, wird zunächst der Gleichanteil jeder Bildspalte subtrahiert. Anschließend wird das Bild Fourier-transformiert und es folgt eine Betragsbildung. Besteht das ursprüngliche Bild aus Streifen, so ist die höchste Wechselleistung senkrecht zur Ausrichtung der Streifen zu erwarten, wie in Bild 5.2 exemplarisch für ein Streifenmuster gezeigt wird. Die Amplitude sowohl des Originalbildes (links) als auch der 2D-Fourier-Transformierten sind in der Helligkeit kodiert. Hohe Werte sind hell, niedrige Werte dunkel.

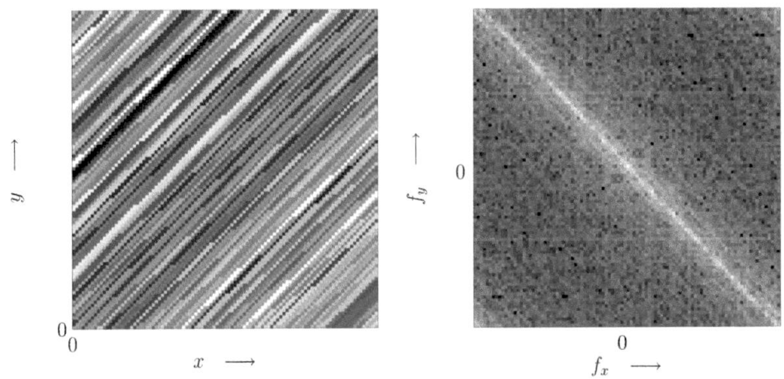

Bild 5.2: Links zufälliges Streifenmuster, rechts entsprechender Betrag der 2D-Fourier-Transformierten

Das linke Feld in Bild 5.2 zeigt das Originalbild in Abhängigkeit der Pixelpositionen x und y. Das rechte Feld zeigt den Betrag der entsprechenden zweidimensional Fourier-Transformierten in Abhängigkeit der Ortsfrequenzen f_x und f_y. Der im rechten Feld zu beobachtende helle Streifen deutet auf hohe Schwankungen der Helligkeitswerte im Originalbild hin, insbesondere entlang der Achse die sich zwischen der linken, oberen Ecke und der rechten, unteren Ecke des Originalbildes aufspannt. Demzufolge ist es möglich, die Ausrichtung des Musters anhand der Auswertung der 2D-Fourier-Transformierten zu ermitteln.

Um aus der 2D-Fourier-Transformierten die Richtung mit der maximalen Leistung in Abhängigkeit von der Betrachtungsrichtung zu ermitteln, wird die Radon-Transformation verwendet (siehe auch [32]). Bei dieser aus dem Gebiet der Tomografie bekannten Transformation wird das ursprüngliche Bild auf eine Gerade projiziert, die im Winkel φ zum Bild steht (siehe Bild 5.3). D.h., dass sich der Wert der Funktion $F_2(r, \varphi)$ aus dem Integral aller Bildpunkte, die auf dem Projektionsstrahl (in Bild 5.3 durch Pfeile dargestellt) liegen, errechnet. Dieser Vorgang wird für mehrere Projektionsgeraden wiederholt, in Schritten von 1° im Bereich 0° bis 179°.

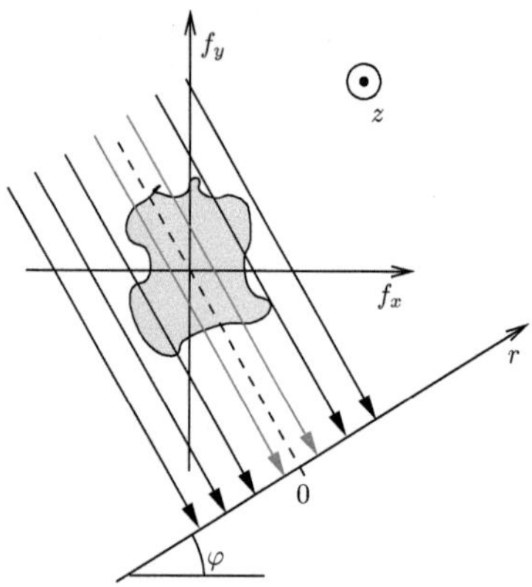

Bild 5.3: Projektion durch Radon-Transformation

In vorliegendem Fall ist der quadrierte Betrag der 2D-Fourier-Transformierten über die z-Achse aufgetragen, bzw. als Helligkeitswert kodiert. Die Wechselleistung $P(\varphi)$ errechnet sich aus dem Integral der Projektion im Bereich $-\varepsilon \leq r \leq \varepsilon$, in Bild 5.3 dargestellt durch die roten Pfeile. Im letzten Schritt wird der Winkel $\varphi_\perp$ gesucht, an dem die größte Wechselleistung auftritt. Die Strömungsrichtung verläuft orthogonal zu $\varphi_\perp$. Bild 5.4 zeigt die Vorgehensweise zur Schätzung der Strömungsrichtung.

Um eine möglichst zuverlässige Aussage über die Strömungsrichtung zu bekommen, wird das Bild zunächst in kleinere Blöcke unterteilt (z.B. 80 x 80 Pixel groß), auf die das Verfahren anschließend angewendet wird. Die Unterteilung in kleinere Blöcke ist notwendig um den Einfluss durch z.B. lokaler Wirbel zu minimieren. Der Wert von φ_{flow} für das gesamte Bild errechnet sich aus dem Medianwert der Ergebnisse der einzelnen Blöcke.

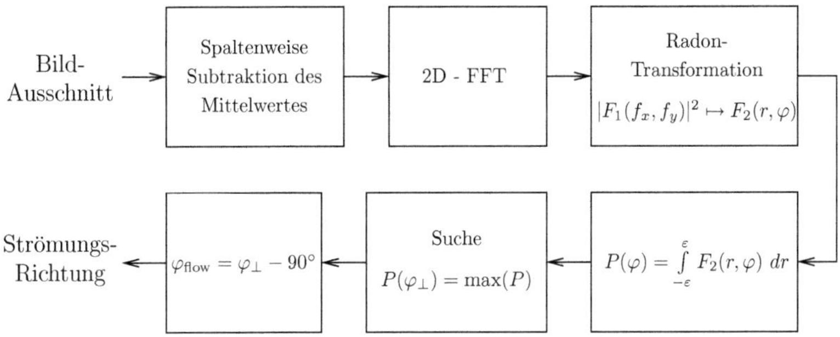

Bild 5.4: Verfahren zur Schätzung der Strömungsrichtung

Der Vorteil des Verfahrens ist, dass nur ein Bild zur Richtungsschätzung notwendig ist. Das Verfahren ist auch unabhängig von der Bildrate der Kamera. Der Nachteil ist jedoch, dass die Schätzung nicht eindeutig ist. So könnte am Beispiel der Wasserdampfaufnahme das Aerosol von links oben nach rechts unten strömen, oder auch umgekehrt. Für eine eindeutige Bestimmung der Lage des Brandherdes sind mindestens zwei Systeme notwendig, wie in Bild 5.5 dargestellt. Die gestrichelte Linie zeigt die geschätzte Strömungsrichtung.

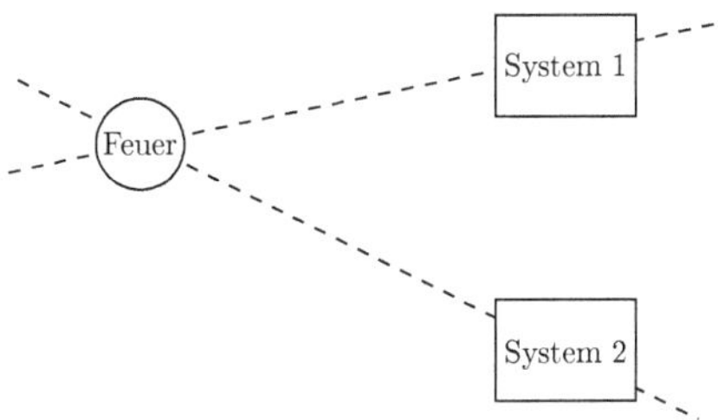

Bild 5.5: Lokalisierung des Brandherdes mit zwei Systemen

Bei den im Brandentdeckungslabor durchgeführten Versuchen zeigt sich, dass im Falle von offenen Bränden eine gute Schätzung der Herkunftsrichtung des Rauches anhand der Schätzung der Strömungsrichtung möglich ist. Der Grund liegt in der hohen Thermik der Brände, die maßgeblich die Strömungsrichtung des Rauches bestimmt. Der Rauch verbreitet sich nahezu kreisförmig unter der Decke. Bei Schwelbränden hingegen wird die Rauchbewegung stark durch Temperaturunterschiede der Wände des Raumes beeinflusst. Um diesen Effekt zu veranschaulichen, sind in Bild 5.6 die geschätzten Strömungsrichtungen für zwei Testfeuer über die Zeit aufgetragen. Die Entwicklung des Brandes ist anhand des ebenso dargestellten Verlaufes von $\bar{p}_\perp$ (Indikator für die Rauchdichte) zu verfolgen.

Bei der Auswertung wurde lediglich jedes 25te Bild verarbeitet, somit mit einer Bildrate von 1/s. Eine höhere Bildrate ergab keine nennenswerte Verbesserung der Schätzung. Zudem wurden die Daten anschließend mit einem 10 s breiten Mittelwertfenster gefiltert.

Die rote Linie zeigt φ_{flow} für ein TF1 und die blaue Linie ist die geschätzte Strömungsrichtung während eines TF2. Bild 5.7 zeigt die Position des Brandes (F) und des Messaufbaus (M) im Brandraum. Zudem sind als rote und blaue Pfeile die mit bloßem Auge sichtbaren Strömungsrichtungen der Rauchsäulen während der einzelnen Versuche eingetragen (auch hier: TF1 rot und TF2 blau).

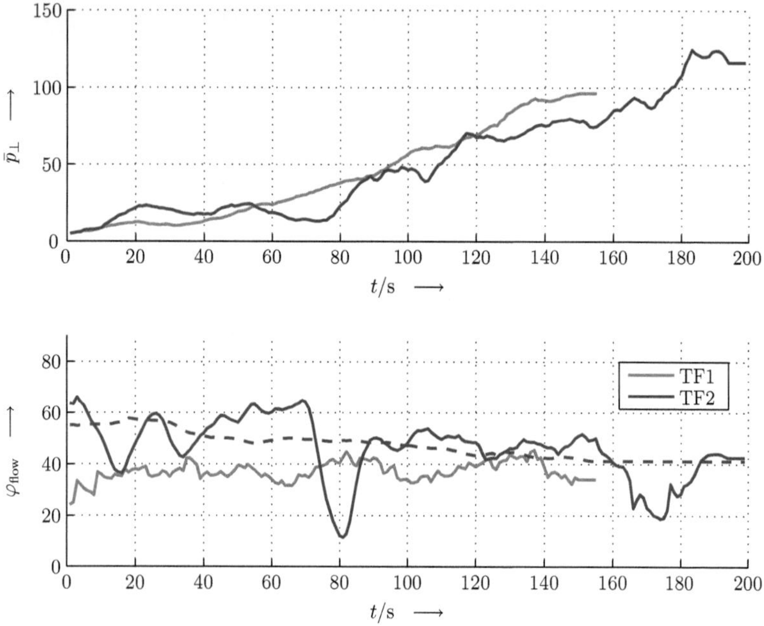

Bild 5.6: Geschätzte Strömungsrichtung

Der Rauch des TF1 breitet sich nahezu kreisförmig unter der Labordecke aus. Während eines TF2 hingegen ergibt sich eine Strömung, die zunächst in Richtung der langen inneren Wand gerichtet ist (in Bild 5.7 die obere Wand) und anschließend in Richtung der kurzen inneren Wand führt. Dieser Effekt ist auch in der Schätzung der Strömungsrichtung sichtbar, wie in Bild 5.6 gezeigt.

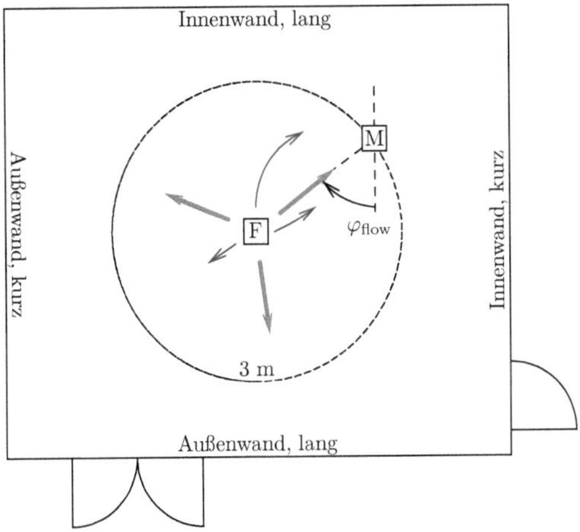

Bild 5.7: Strömungsverhältnisse im Brandentdeckungslabor

Der Aufbau ist im Abstand von 3 m vom Brandherd angebracht (3m–Kreis). Bei radialer Rauchausbreitung unterhalb der Decke ist demzufolge eine Strömungsrichtung $\varphi_{\text{flow}} \approx 39°$ zu erwarten. Dieser Wert stimmt mit dem geschätzten Wert während eines TF1 gut überein. Das TF2 zeigt hingegen einen Verlauf mit großen Schwankungen. Diese entstehen durch langsame Wirbel aufgrund der geringen Thermik des Testfeuers. Zudem liegen die Werte von φ_{flow} oberhalb der erwarteten Werte bei radialer Ausbreitung. Dies entspricht der Beobachtung, dass die aufsteigende Rauchsäule zunächst in Richtung der langen Innenwand strömt. Die durch ein breites Zeitfenster (Mittelwertfilter, Fensterbreite von 90 s) gefilterte Kurve (blaue gestrichelte Linie) zeigt jedoch, dass sich der Wert des geschätzten Anströmungswinkels mit voranschreitendem Versuch dem Wert von 39° annähert. Demzufolge ändern sich die Strömungsverhältnisse im Brandraum aufgrund der sich stetig erhitzenden Kochplatte.

Interessant ist ein Vergleich mit den Ergebnissen aus [6], [7] und [33]. Das von Kaiser und Berentsen beschriebene Verfahren schätzt den Brandort anhand der Auswertung der Temperatursignale zweier Sensorgruppen. Die damit erzielte Schätzung des Brandortes im Falle offener Brände ist, zumindest in der Anfangsphase des Brandes, mit einer Genauigkeit kleiner als $0,5$m möglich. Die Schätzung der Anströmungsrichtung eines offenen Brandes, wie in [6] vorgestellt, ist mit gleicher Genauigkeit mit dem in dieser Arbeit vorgestellten Verfahren möglich, solange sichtbare Aerosole in der Luft vorhanden sind. Ein Vergleich beider Verfahren in Szenarien mit Schwelbränden ist anhand der Diagramme in [6] jedoch nicht möglich. Einerseits zeigt die entsprechende Grafik in [6] nur die ersten 80 s eines EN54-TF2. Zu diesem Zeitpunkt ist üblicherweise, aufgrund der noch geringen Temperatur der Kochplatte, noch keine sichtbare Rauchentwicklung vorhanden. Andererseits sind sowohl in der Auswertung aus [6], als auch in den Ergebnissen dieser Arbeit große Schwankungen aufgrund von anderen thermischen Einflüssen zu sehen. Daher ist ein quantitativer Vergleich beider Verfahren anhand der zitierten Literaturstellen nicht möglich.

5.2 Aerosolcharakterisierung

Die Aerosolcharakterisierung dieser Arbeit beruht auf der quantitativen Auswertung der optischen Rauheit der Streulichtaufnahmen. Vergleicht man die Aufnahmen eines TF1 mit denen von Wasserdampf (siehe Bild 5.1), so fällt auf, dass das Brandaerosol ein wesentlich feineres Muster hervorruft als die Wasserdampftropfen. Die Erklärung dafür liegt überwiegend in der Partikelgrößenverteilung des Aerosols. Das Wasserdampfaerosol besteht aus großen Tröpfchen. Sie sind zwar wesentlich kleiner als die durch ein Pixel beobachtete Fläche, streuen aber sehr intensiv. Zudem ist ihr Abstand zueinander so groß, dass dunkle Flächen ohne Streulicht entstehen. Das hervorgerufene Muster wirkt grobkörnig.

Bei gleicher mittlerer Bildhelligkeit besteht das Brandaerosol hingegen aus einer großen Anzahl an kleinen Partikeln mit sehr geringem mittleren Abstand zueinander. Aufgrund ihrer geringen Größe streuen sie zudem nur schwach. Es entsteht ein feines Muster.

Das entwickelte Verfahren gewichtet die gemessene mittlere Streulichtintensität anhand der Rauheit der Aufnahmen, somit mittelbar anhand des Partikelgrößenbereichs des Aerosols. Ähnlich arbeiten auch die Melder [22], [70] und [14]. Sie schätzen die Partikelgröße anhand des Verhältnisses von Streulicht im IR- und blauen Bereich. Der Vorteil des hier vorgestellten Verfahrens ist die räumliche Trennung der streuenden Partikel. Kleine Partikel, die üblicherweise schlechter streuen als große Partikel, können trotz Anwesenheit dieser in den Aufnahmen erkannt werden. Dieser Vorteil kommt besonders bei der Unterscheidung zwischen Schwelbränden, insbesondere TF2, und Nichtbrandaerosolen zum Tragen.

5.2.1 Rauheitsmetrik

Der Begriff Rauheit wird verwendet in Anlehnung an die Rauheitsmessung in der Materialverarbeitung. Ein Maß für die Rauheit ist die Varianz. Die Varianz kann wie folgt geschätzt werden:

$$v = \frac{1}{XY-1} \sum_{x=1}^{X} \sum_{y=1}^{Y} (p(x,y) - \bar{p})^2$$

Der Bildmittelwert errechnet sich gemäß:

$$\bar{p} = \frac{1}{XY} \sum_{x=1}^{X} \sum_{y=1}^{Y} p(x,y)$$

Wie in Abschnitt 3 gezeigt, ist der mittlere Pixelwert der Aufnahmen proportional zur Aerosoldichte. Eine Erhöhung der Dichte von Aerosolen, insbesondere solcher mit großen Partikeln, wirkt sich auf die Aufnahmen auch durch eine höhere Anzahl an „weißen Punkten“ aus. Dadurch steigt jedoch auch der Wert der Varianz. Für die Charakterisierung der Aerosole ist es von Vorteil, eine Größe zu finden, die von der Aerosoldichte möglichst unabhängig ist. Die empirisch entwickelte Rauheitsmetrik σ_{raw} erfüllt diese Bedingung weitestgehend, wie in diesem Abschnitt gezeigt wird. Sie berechnet sich aus:

$$\sigma_{\text{raw}} = \frac{v}{\bar{p}}$$

Die Rauheitsmetrik wird durch die Fließgeschwindigkeit des Aerosols beeinflusst. Bei schnelleren Bewegungen erhöht sich die Bewegungsunschärfe, und das Bild zerfließt. Eine Korrektur des Bildes mit z.B. Deblurring-Algorithmen ist aufgrund der zum Teil großen Unschärfe und der schmalen Bilder ungeeignet. Dennoch zeigt sich in der Auswertung, dass bei typischen Fließgeschwindigkeiten unterhalb der Decke eines zu überwachenden Raumes, trotz Bewegungsunschärfe, eine zuverlässige Charakterisierung möglich ist.

Bei einer sehr langsamen Aerosolausbreitung, wie es bei einem Schwelbrand der Fall ist, kann es vorkommen, dass aufgrund von Verwirbelungen die Strömung zum Stillstand kommt. Um zu verhindern, dass in solchen Fällen der Wert der Rauheitsmetrik stark ansteigt, findet vor der weiteren Verarbeitung eine Mittelwertfilterung in Richtung der Strömung statt. Das Filter emuliert somit eine Strömungsgeschwindigkeit von 0,05 m/s. Eine Übersicht über das Verfahren zur Bestimmung der Rauheitsmetrik bietet das Diagramm in Bild 5.8.

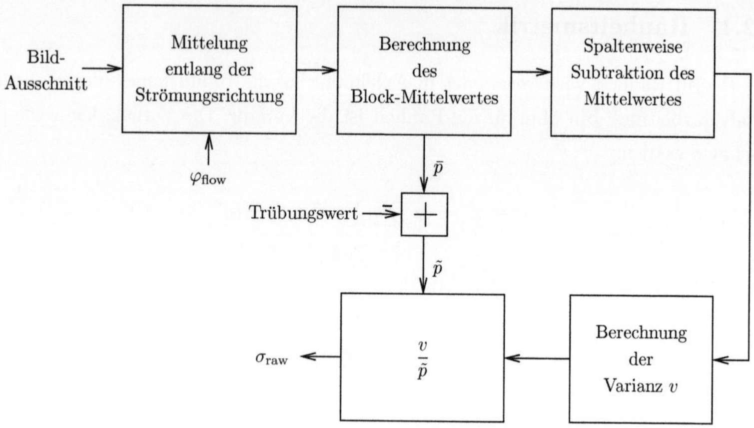

Bild 5.8: Verfahren zur Bestimmung der Rauheitsmetrik

Eingangsdaten sind die Bildausschnitte, die Strömungsrichtung φ_{flow} und der Trübungswert, der in Abschnitt 5.2.3 beschrieben wird. Um einen Überblick über die ermittelte Rauheitsmetrik für die verschiedenen Aerosole zu ermöglichen, ist in Bild 5.9 der Wertebereich von σ_{raw} während der jeweiligen Versuche dargestellt. Bei der Auswertung wurde nur jedes 25te Bild untersucht (Bildrate 1/s). Die Daten wurden anschließend mit einem 7 s breiten Fenster gemittelt. Zudem wurde die Auswertung erst ab einem mittleren Pixelwert von $\bar{p}_{\perp} = 7$ gestartet, d.h. erst nach eindeutiger Feststellung eines Aerosols. Die grauen Balken zeigen die Werte von σ_{raw} bei Pixelwerten $\bar{p}_{\perp} > 20$, d.h. bei ausgeprägter Rauchentwicklung und nahe des Alarmschwellenwerts. Nicht mehr berücksichtigt sind Werte von σ_{raw}, die oberhalb eines mittleren Pixelwerts von $\bar{p}_{\perp} = 100$ gemessen wurden.

Der obere Bereich der Grafik zeigt die Werte von σ_{raw} für verschiedene Testfeuer. Da während der Testfeuer die Strömungsgeschwindigkeit natürlich nicht beeinflusst werden kann, wurden für einen besseren Vergleich einige Testfeuer im Rauchkanal bei typischen 0,2 m/s (nach EN54) durchgeführt. Dabei wurde die Menge an Brandmaterial entsprechend reduziert. Die Grafik zeigt, dass der Wert der Rauheitsmetrik für offene Brände am geringsten ist. Die Werte für TF1, TF4, TF5 und TF7 liegen alle unterhalb von 5. Der Vergleich mit den Werten der im Rauchkanal durchgeführten Versuche zeigt, dass sie sich von den im Brandraum aufgenommenen Werten nur geringfügig unterscheiden. Der Einfluss der Bewegungsunschärfe aufgrund der hohen Thermik ist demnach für Rauch offener Brände gering.

Die Schwelbrände, insbesondere das TF2, weisen einen höheren Wert der Rauheitsmetrik auf, bis etwa 13. Der Grund dafür liegt in der höheren Anzahl an großen Partikeln im Aerosol. Auch bei den Schwelbränden sind die Unterschiede zwischen den im Brandraum und den im Rauchkanal gemessenen Werten gering.

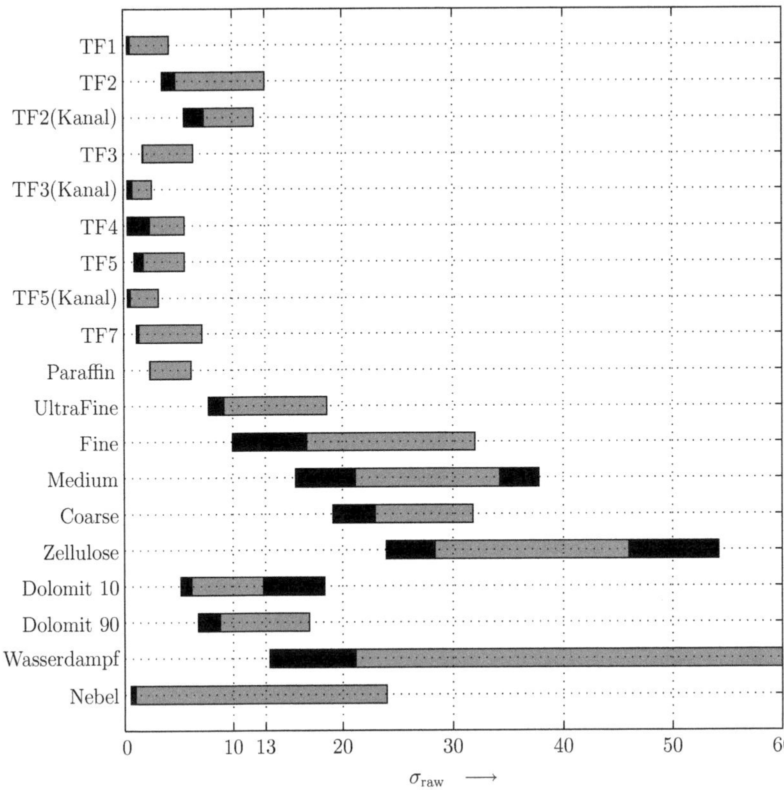

Bild 5.9: σ_{raw} in verschiedenen Szenarien

Von großem Interesse ist der Vergleich mit Nichtbrandaerosolen. Diese sind im unteren Bereich der Grafik in Bild 5.9 zu sehen. Alle Versuche wurden im Rauchkanal durchgeführt, bei einer Luftgeschwindigkeit von 0,2 m/s. Bei den Versuchen mit Cellulosestaub, Staub des Typs ISO A3 Medium und Wasserdampf liegen die Werte der Rauheitsmetrik typischerweise oberhalb von 13.

Interessant ist der Vergleich der Ergebnisse der Staubversuche mit ISO A1 Typ Ultrafine, Dolomit 10 und Dolomit 90. Sowohl Dolomit 10 als auch der ISO A1 Staub weisen keine Partikel größer als 10 μm auf, und trotzdem unterscheiden sich die Werte der Rauheitsmetrik stark. Im Staub Dolomit 90 sind Partikel bis zu einem Durchmesser von 90 μm enthalten. Dennoch ist der Wert der Rauheitsmetrik kleiner als bei dem Staub ISO A1. Dieser Effekt lässt sich durch die große Anzahl an kleinen Partikeln in den Dolomit Stäuben erklären. Gemäß dem Datenblatt des Staubes ISO A1 Ultrafine ist der auf das Gesamtvolumen bezogene Anteil an Partikeln, die kleiner als 10 μm sind, etwa 2%. Für den Dolomit Staub 90 wird dieser Anteil mit 4% – und für den Dolomit Staub 10 sogar mit über 20% angegeben. Somit kann angenommen werden, dass besonders im Bereich der Wellenlänge des Lasers die Anzahl an Partikeln in den Dolomit Stäuben wesentlich höher ist als im „ISO-Staub". Die Aufnahmen sind entsprechend „feinkörniger". Des Weiteren ist zu bedenken, dass die Aussteuerung der Kamera begrenzt ist, wodurch eine höhere Streuintensität einzelner großer Partikel nicht berücksichtigt wird. Erhöht sich jedoch die Anzahl an schwach streuenden kleinen Partikeln, so wird das Streumuster feiner und die mittlere Helligkeit der Aufnahmen steigt an.

Die im Kanal durchgeführten Versuche mit Wassernebel deuten auf ein Aerosol mit sehr feinen Partikeln hin. Dieses wurde künstlich erzeugt, indem feuchte Luft in den Kanal eingeleitet wurde. Die Luftfeuchtigkeit im Kanal stieg dabei stetig an. Beim Erreichen des Taupunktes kondensiert die Feuchtigkeit zu Tröpfchen. Der so entstandene Nebel hat eine sehr kleine Tröpfchengröße und ist von einem Schwelbrand optisch nicht zu unterscheiden. Außenversuche in der Herbstnacht vom 12.10.2008 auf einem Feld in Mülheim a.d. Ruhr ergaben jedoch Streumuster, die eher den Versuchen mit Wasserdampf ähnlich sind (siehe Bild 5.10).

Der Wert der Rauheitsmetrik im Außenversuch ergab $\sigma_{\text{raw}} \approx 30$. Da jedoch die Aerosoldichte gering war und die mittlere Pixelintensität mit $\bar{p}_{\perp} \approx 4$ den Schwellenwert von $\bar{p}_{\perp} = 7$ nicht überschritten hat, ist diese Auswertung nur als Tendenz zu verstehen. Zweifellos sind weitere Versuche mit Nebel notwendig. Aufgrund der großen Schwankungen der Angaben zur Partikelgrößenverteilung von Nebel in der Literatur ist zu erwarten, dass die Werte der Rauheitsmetrik von Nebel ebenfalls sehr unterschiedlich sein können. Beispielsweise zeigen Messungen im Po-Tal ([23], [61]), dass eine hohe Luftverschmutzung zunächst Nebel-Partikel im Submikrometer-Bereich hervorruft. Mit alterndem Nebel entstehen jedoch auch größere Partikel von wenigen Mikrometern Durchmesser. Messungen in [76] und [24] weisen sogar auf Partikel mit einem Durchmesser von bis zu 30 μm hin.

In [84] (Seiten 306-308 und [85], Seite 56) ist die größte Anzahl an Partikeln im Bereich von 6 bis 90 μm.

Der Übergang zwischen Dunst, Nebel und feinem Nieselregen ist somit fließend. Die Tröpfchengröße und die Aerosolkonzentration variieren stark mit den Umgebungsbedingungen. Trotz einer mobilen Messplattform konnten im Rahmen dieser Arbeit außerhalb des Testkanals nur wenige Nebelsitutationen mit ausreichender Aerosolkonzentration gemessen werden. Daher ist eine weitere Messkampagne in verschiedenen Szenarien, in denen Nebel häufig auftritt, wie z.B. Täler, Kühlhäuser, Flugzeugfrachträume und Waschstrassen, von großem Interesse.

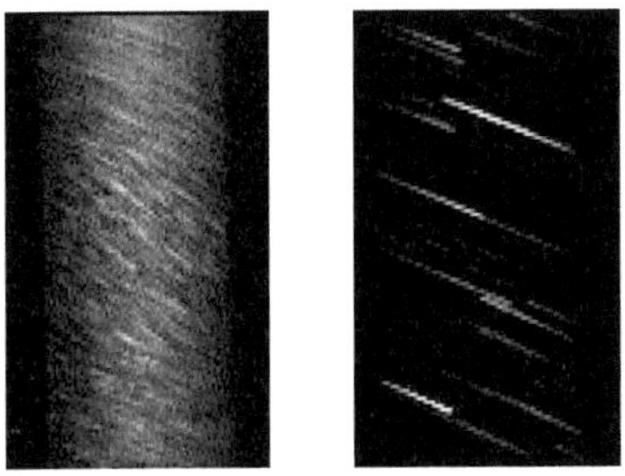

Bild 5.10: Streumuster von künstlichem Nebel und von Bodennebel

5.2.2 Algorithmus zur Brandfrüherkennung

Im Fokus des hier vorgeschlagenen Algorithmus steht die Auswertung und Implementierung der Rauheitsmetrik. Diese soll als Modul verstanden werden, das zu einem üblichen Detektionsalgorithmus zugeschaltet wird. Das Grundgerüst eines Algorithmus, der die mittlere Helligkeit auswertet, kann damit übernommen werden. Der Einfachheit halber wurde als Grundgerüst ein simpler Schwellenwertdetektor gewählt (siehe Bild 5.11).

Die gemessenen Signale $\bar{p}_\perp$ (mittlere Helligkeit) und σ_{raw} (Rauheitsmetrik) werden zunächst durch ein 7 s breites Mittelwertfilter gefiltert. Um den Einfluss möglicher Spitzen durch elektromagnetische Störungen zu vermeiden, können auch noch Medianfilter vorgeschaltet werden. Aus dem Videostrom wurde jede Sekunde 1 Bild ausgewertet. Eine höhere Rate ist möglich, bringt jedoch keine nennenswerte Verbesserung. Zudem findet eine Gewichtung erst bei sicherer Entdeckung eines Aerosols statt, somit ab $\bar{p}_\perp > 7$.

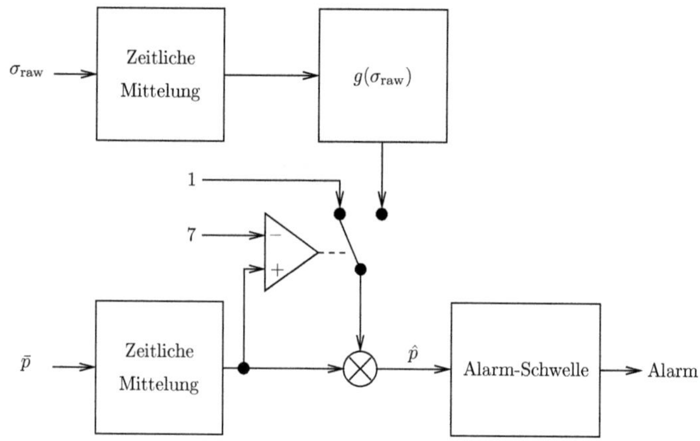

Bild 5.11: Einfacher Algorithmus zur Brandfrüherkennung

Mit Hilfe der Rauheitsmetrik erfolgt eine Gewichtung der gemessenen mittleren Helligkeit $\bar{p}_\perp$. Eine Klassifizierung in Brand- und Nichtbrandaerosole ist durch einen Schwellenwert bei z.B. $\sigma_{\text{raw}} = 13$ möglich (siehe Bild 5.9):

$$g(\sigma_{\text{raw}}) = \begin{cases} 1 & \text{für} \quad \sigma_{\text{raw}} \leq 13 \\ \\ 0 & \text{für} \quad \sigma_{\text{raw}} > 13 \end{cases}$$

Dennoch ist eine solche harte Entscheidung kritisch, da die Werte des Pyrolysebrandes TF2 sehr nah an dieser Grenze liegen. Eine Verschiebung der Grenze hätte wiederum eine höhere Störanfälligkeit für Staub zur Folge. Daher wurde eine Gewichtungsfunktion gewählt, die eine unscharfe („weiche“) Klassifizierung vornimmt, wie in Bild 5.12 dargestellt.

Die gewählte Gewichtungsfunktion ist in drei Bereiche aufgeteilt. Im ersten Bereich bis $\sigma_{\text{raw}} = 5$ verstärkt sie die gemessene mittlere Helligkeit und hebt die Empfindlichkeit für Rauch von offenen Bränden an. Im Bereich $5 < \sigma_{\text{raw}} \leq 13$ hat sie den Wert $g \approx 1$. In diesem Bereich sind Schwelbrände zu erwarten. Oberhalb, im Bereich von $\sigma_{\text{raw}} > 13$ wird das Helligkeitssignal stark gedämpft. Die Empfindlichkeit für Störaerosole ist somit herabgesetzt. Ein Alarm wird nicht vollständig ausgeschlossen, ist aber erst bei sehr hoher Konzentration zu erwarten.

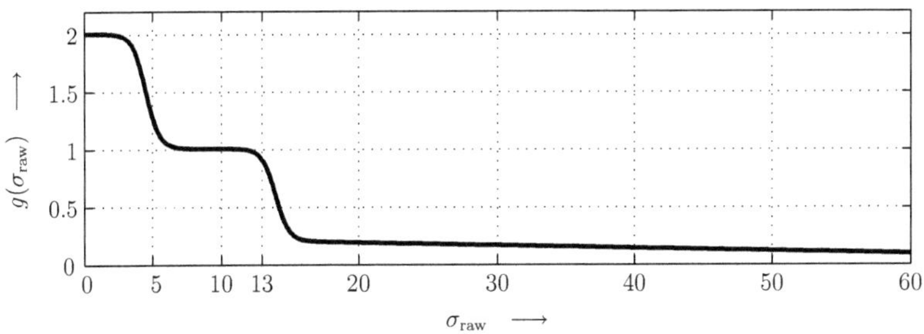

Bild 5.12: Gewichtungsfunktion $g(\sigma_{\text{raw}})$

In den nächsten Bildern 5.13, 5.14, 5.15, 5.16 und 5.17 sind exemplarisch für Szenarien mit TF1, TF2, Staub Ultrafine, Staub Medium und Wasserdampf die Verläufe der gemessenen mittleren Helligkeit $\bar{p}_{\perp}$ und der gewichteten Funktionen $\hat{p}$ über die Zeit aufgetragen. Die eingezeichnete Alarmschwelle (rote gestrichelte Line bei Pixelwert = 40) entspricht dem Wert der mittleren Helligkeit bei $m_{\text{ext}} = 0,4$ dB/m während eines Paraffinversuches. Dieser Wert wurde in Anlehnung an die EN54, Teil 9 gewählt. Zum Vergleich ist der Extinktionskoeffizient im gleichen Zeitintervall dargestellt.

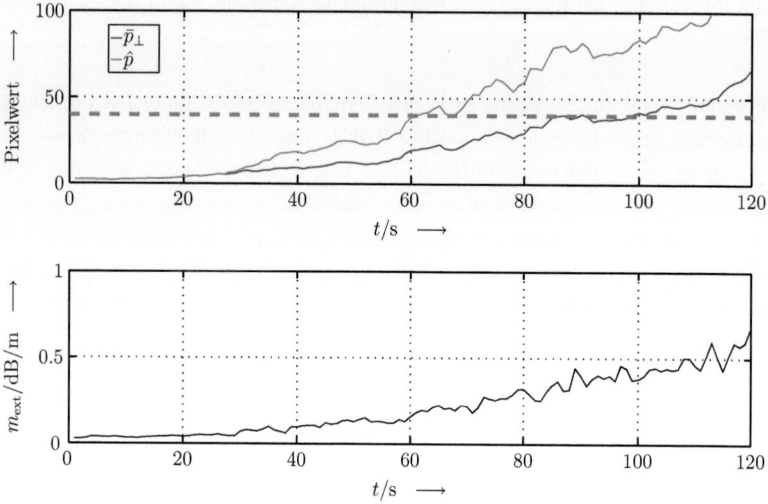

Bild 5.13: Auswertung eines TF1

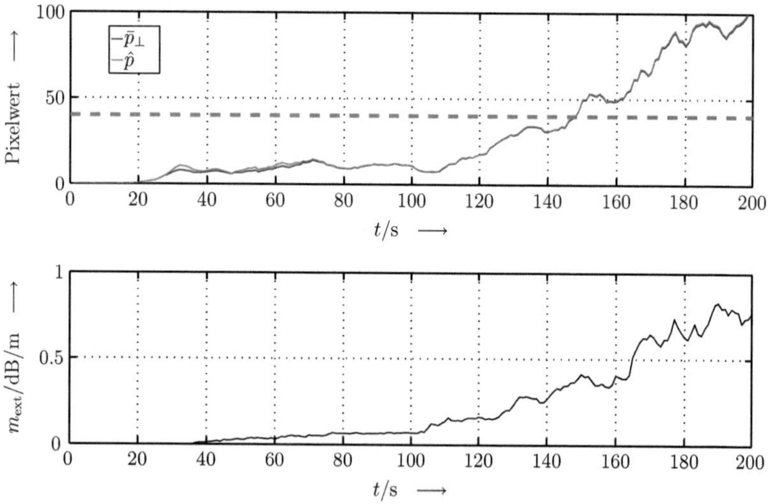

Bild 5.14: Auswertung eines TF2

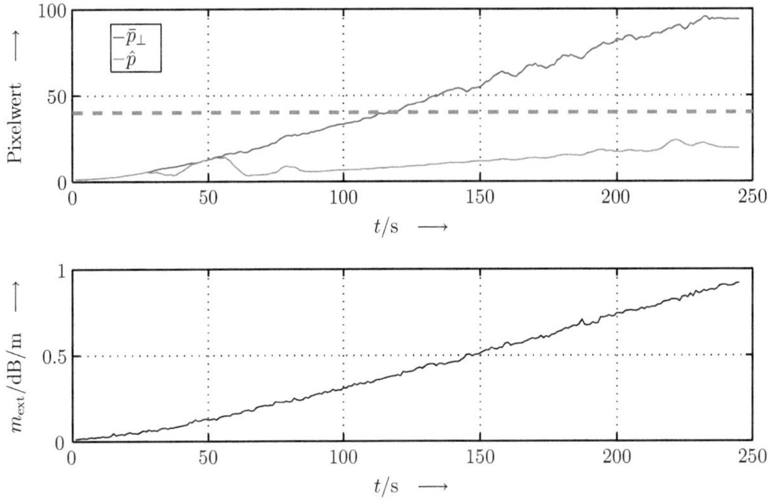

Bild 5.15: Auswertung für Staub des Typs ISO A1 Ultrafine

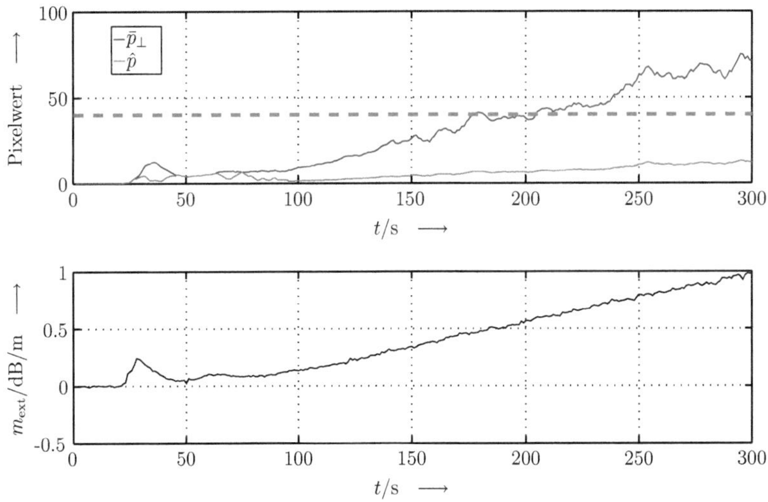

Bild 5.16: Auswertung für Staub des Typs ISO A3 Medium

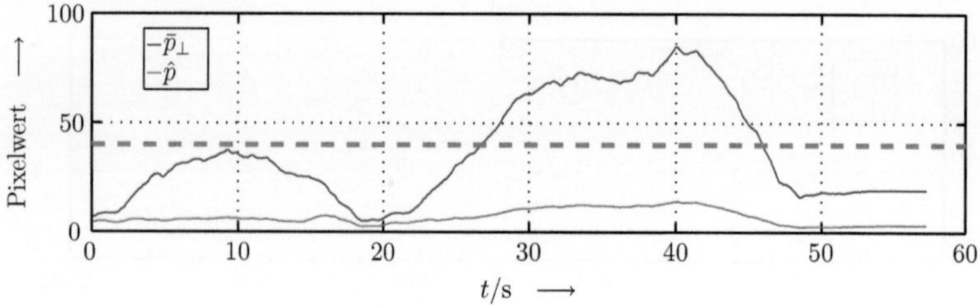

Bild 5.17: Auswertung für Wasserdampf

Während eines TF1 wird die Empfindlichkeit des Algorithmus erhöht und die gewichtete Funktion $\hat{p}$ überschreitet die Alarmschwelle etwa 25 s früher als die ungewichtete Funktion $\bar{p}_\perp$. Das System weist somit für offene Brände eine höhere Empfindlichkeit auf.

Unabhängig von der Verarbeitung der hoch aufgelösten Daten ist ein zweiter Effekt interessant, der dem Abschnitt 6.1 vorweggenommen ist. Vergleicht man den Wert der ungewichteten Funktionen eines TF1 und eines TF2 (oder Paraffin) bei $m_{\text{ext}} = 0,4$ dB/m, so liegen sie bei $\bar{p}_\perp \approx 40$. Dieses Verhalten steht zunächst in Widerspruch zur „üblichen“ Erfahrung, dass Rauch offener Brände schlechter streut als Rauch von Schwelbränden. Die Erklärung dafür liegt in der Tatsache, dass nur senkrecht zur Streuebene polarisiertes Licht betrachtet wurde. Wie in Abschnitt 6.1 beschrieben, wird bei offenen Bränden nahezu allein senkrecht zur Streuebene polarisiertes Licht gestreut. Bei Schwelbränden wird Licht aus beiden Polarisationsrichtungen (parallel und senkrecht zur Streuebene) gestreut. Übliche Melder arbeiten mit unpolarisiertem Licht. Demzufolge ist die Empfindlichkeit für Rauch von offenen Bränden geringer verglichen mit der Empfindlichkeit für Rauch von Schwelbränden. D.h., dass bereits durch die Überwachung allein der senkrechten Polarisationsebene die Empfindlichkeit üblicher Melder für offene Brände angehoben werden kann! Weitere Details über die Verarbeitung der Polarisationseigenschaften von Aerosolen werden in Abschnitt 6 diskutiert.

Bei der Auswertung der Aufnahmen eines Pyrolysebrandes des Typs TF2 zeigt sich, dass die Gewichtungsfunktion um den Wert 1 schwankt. Demzufolge bleibt der Alarmzeitpunkt unverändert.

Gelangen Störaerosole, wie grobe Stäube oder Wasserdampf in die Messkammer, so steigt die mittlere Helligkeit $\bar{p}_\perp$ an und deutet auf eine Erhöhung der Aerosolkonzentration hin.

Dennoch wird $\hat{p}$ aufgrund der hohen Werte von σ_{raw} stark gedämpft und die Alarmschwelle wird nicht erreicht. Die Empfindlichkeit des Systems ist somit für viele Störaerosole stark herabgesetzt. Bei der Auswertung des Wasserdampfversuches wurde der Extinktionskoeffizient nicht ausgewertet, da das Messgerät MIREX bereits nach wenigen Sekunden vollständig beschlagen war.

Mit dem vorgestellten Algorithmus kann die Empfindlichkeit des Melders an das Aerosol angepasst werden. Schwel- und offene Brände weisen bei der Streulichtmessung die gleiche Empfindlichkeit auf. Nichtsdestotrotz können offene Brände als solche erkannt werden, und in diesen Fällen besteht die Möglichkeit einen Alarm früher auszulösen als bei Schwelbränden. Von besonderem Interesse ist jedoch das Verhalten des Algorithmus bei Störaerosolen. Durch die Analyse der Rauheitsmetrik kann ein Fehlalarm, ausgelöst durch einige Sorten von Staub oder Wasserdampf, vermieden werden.

5.2.3 Grenzen des Verfahrens

Für eine sinnvolle Charakterisierung des Aerosols anhand der Rauheitsmetrik sind detailreiche Aufnahmen notwendig. Diese sind nicht mehr erzielbar, wenn die Aerosolkonzentration oder die Strömungsgeschwindigkeit zu hoch ist (d.h. hohe Bewegungsunschärfe), sowie bei beschlagener Optik. In allen Grenzfällen würde das entdeckte Aerosol als Rauch eines offenen Brandes charakterisiert werden und weiterhin zu einem Fehlalarm führen.

Beschlagene Optik

Die Kondensation von Feuchtigkeit, z.B. während einiger Versuche mit Wasserdampf, oder die Verschmutzung des Sichtfensters verringert den Wert der Rauheitsmetrik. Bild 5.18 zeigt zwei Aufnahmen während eines Wasserdampfversuches. Die linke Aufnahme entstand bei trockener Optik und zeigt ein grobes Muster. Das rechte Bild hingegen, aufgenommen nur wenige Sekunden später, zeigt ein feines Muster, obwohl es sich um das gleiche Aerosol handelt. Die kondensierende Feuchtigkeit wirkt wie ein Weichzeichner auf die Aufnahmen, d.h., dass scharfe Konturen und hohe Kontraste verloren gehen und zu einer fehlerhaften Charakterisierung führen. Demzufolge ist es notwendig, diesen Effekt zu erkennen und ihm entgegen zu wirken.

Aufgrund der Beleuchtung mit einem Laser benötigt das vorgestellte System keinen zusätzlichen Sensor, wie z.B. einen Betauungssensor. Der beleuchtete Bereich grenzt sich scharf von der Umgebung ab, wie in Bild 5.18 zu sehen ist. Kondensiert Feuchtigkeit, wird das bereits am Aerosol gestreute Licht erneut am beschlagenen Fenster gestreut und der scharfe Übergang zwischen beleuchteter Fläche und Hintergrund geht verloren.

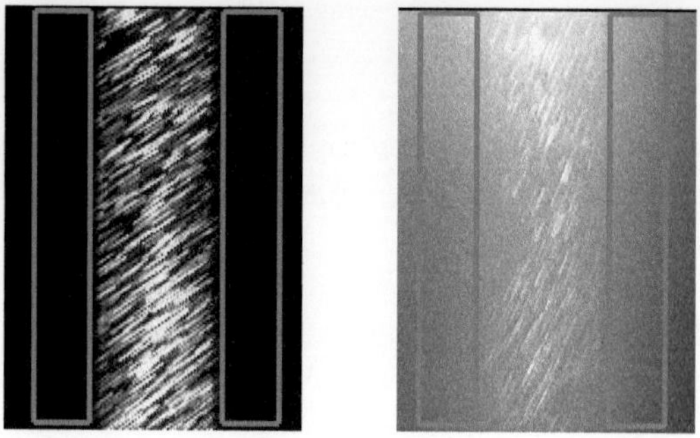

Bild 5.18: Streumuster von Wasserdampf ohne und mit Trübung

Der Bereich unmittelbar neben dem eigentlichen Laserstrahl – eingerahmt durch rote Linien – kann als Indikator und Maß für die Trübung der Optik verwendet werden und fließt in die Bestimmung der Rauheitsmetrik als „Trübungswert“ mit ein. Bei zu starker Trübung ist eine Korrektur jedoch nicht mehr möglich, und der Algorithmus meldet eine Störung. Dabei kann zusätzlich noch zwischen einer Störung durch Kondensation, d.h. einem schnellen Anstieg der Trübung, und einer Störung durch Verschmutzung, d.h. einem schleichenden Anstieg der Trübung, unterschieden werden.

Eine andere Methode das Problem der Trübung durch Kondensation weitestgehend zu umgehen besteht in der Erhitzung der Optik. Dennoch bleibt auch dann die Notwendigkeit, die Optik auf Verschmutzung zu überwachen.

Hohe Aerosolkonzentration

Die Aerosolkonzentration kann über die mittlere Intensität überwacht werden. Daher ist es möglich, mit einem „Überlauf-Indikator“ solche Aufnahmen zu verwerfen, die eine zu hohe Intensität aufweisen (z.B. bei $\bar{p}_{\perp} > 100$). Im Falle eines Überlaufes wird der vorherige Wert der Rauheitsmetrik übernommen. Bei andauerndem Überlauf, z.B. länger als 10 s, sendet der entwickelte Algorithmus ein zusätzliches Fehlersignal.

Hohe Strömungsgeschwindigkeit

Hohe Strömungsgeschwindigkeiten verringern den Wert der Rauheitsmetrik. Messungen mit Staub des Typs ISO A4 Coarse ergaben, dass ab einer Aerosolgeschwindigkeit von c.a. 0,6 m/s dieser nicht mehr von Rauch eines TF2 zu unterscheiden ist. Störaerosole führen dann ebenfalls zu einem Alarm. Dennoch ist zu erwarten, dass diese Begrenzung der Methode die Anwendung im „Indoor"-Bereich nicht sonderlich einschränkt.

Prinzipiell kann der Einfluss der Strömungsgeschwindigkeit durch eine kürzere Belichtungszeit verringert werden. Dabei sollte beachtet werden, dass eine kürzere Belichtungszeit auch die gemessene mittlere Intensität herabsetzt. Lichtsender und Sensor müssen somit aufeinander abgestimmt sein. Eine weitere Möglichkeit besteht darin, die Geschwindigkeit des Aerosols konstant zu halten. Denkbar ist der Einsatz z.B. in Ansaugsystemen. Diese bieten den Vorteil einer bekannten und konstanten Strömungsrichtung in der Messkammer.

Kapitel 6

Polarimetrische Streulichtuntersuchung

Dieser Abschnitt beschreibt polarimetrische Untersuchungen des Streulichts von Brand- und Nichtbrandaerosolen. Der große Vorteil einer polarimetrischen Untersuchung ist der Einblick in mikroskopische Eigenschaften der Aerosole wie Form und Größe ohne die Notwendigkeit hoch aufgelöster Aufnahmen. Ziel der Studie ist es, Eigenschaften von Aerosolen zu erkennen und zu nutzen, die die Unterscheidung zwischen Brand- und Nichtbrandaerosolen ermöglichen, oder zumindest die Wahrscheinlichkeit eines Fehlalarmes durch Störaerosole zu minimieren helfen.

Die in diesem Abschnitt präsentierten Methoden können das in Kapitel 5 beschriebene Verfahren ergänzen und zu einer noch höheren Störfestigkeit gegen Störaerosole führen. Durch die Kombination beider Verfahren wird die Unterscheidung zwischen feinem Staub und Rauch von Schwelbränden möglich. Zusätzlich ist das polarimetrische Verfahren unabhängig von der Strömungsgeschwindigkeit des Aerosols. Die Auswertungen zur Polarisation benötigen aber keine hoch aufgelösten Bilder. Daher kann das polarimetrische Verfahren auch in weniger komplexe Hardware implementiert werden und Daten verarbeiten, die z.B. mit Hilfe einfacher Photodioden anstatt einer Kamera aufgenommen wurden.

Wie in Abschnitt 3 beschrieben, sind in jeder Aufnahme vier verschiedene Kombinationen der Polarisationsverhältnisse zwischen einfallendem und gestreutem Licht zu sehen. Die Orientierung der Polarisation bezieht sich immer auf die Streuebene. In Bild 6.1 ist eine Aufnahme während einer Paraffinmessung zu sehen.

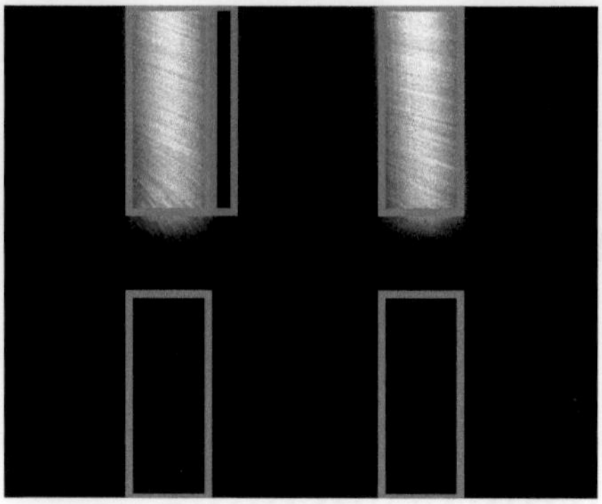

Bild 6.1: Aufnahme während eines Versuchs mit Paraffinnebel

Ausgangswerte für die Untersuchungen sind die Pixelmittelwerte in den fünf eingerahmten Feldern:

- $\bar{p}_{\perp}$ – mittlerer Pixelwert im linken oberen roten Feld, das mit senkrecht polarisiertem Laser bestrahlt wurde und mit senkrecht polarisiertem Filter untersucht wurde,
- $\bar{p}_{\parallel}$ – mittlerer Pixelwert im rechten oberen roten Feld, das mit parallel polarisiertem Laser bestrahlt wurde und mit parallel polarisiertem Filter untersucht wurde,
- $\bar{p}_{\mathrm{d}\perp}$ – mittlerer Pixelwert im linken unteren roten Feld, das mit senkrecht polarisiertem Laser bestrahlt wurde und mit parallel polarisiertem Filter untersucht wurde,
- $\bar{p}_{\mathrm{d}\parallel}$ – mittlerer Pixelwert im rechten unteren roten Feld, das mit parallel polarisiertem Laser bestrahlt wurde und mit senkrecht polarisiertem Filter untersucht wurde,
- $\bar{p}_{\mathrm{f}\parallel}$ – mittlerer Pixelwert im blauen Feld, welches durch Streuung von kondensierter Feuchtigkeit oder Schmutz am Sichtfenster entsteht.

In dieser Arbeit wurden zwei Merkmale untersucht: der Polarisationsgrad und die Depolarisation des am Aerosol gestreuten Lichts.

6.1 Polarisationsgrad

Der Polarisationsgrad σ_{pol} beschreibt, in welchem Maße das gestreute Licht polarisiert ist, und kann Werte zwischen -1 (vollständig parallel polarisiertes Licht) und $+1$ (vollständig senkrecht polarisiertes Licht) annehmen. Mathematisch lässt sich σ_{pol} wie folgt schreiben ([9], Seite 113):

$$\sigma_{\text{pol}} = \frac{I_{\text{streu},\perp} - I_{\text{streu},\|}}{I_{\text{streu},\perp} + I_{\text{streu},\|}}$$

Im Fall von kugelförmigen Partikeln ist es möglich, anhand des Polarisationsgrads Informationen über die Partikelgröße des Aerosols zu erhalten. In Bild 6.2 ist der Polarisationsgrad von sphärischen Wassertropfen für $\theta_i = 90°$ und $\lambda = 650$ nm über die Partikelgröße aufgetragen.

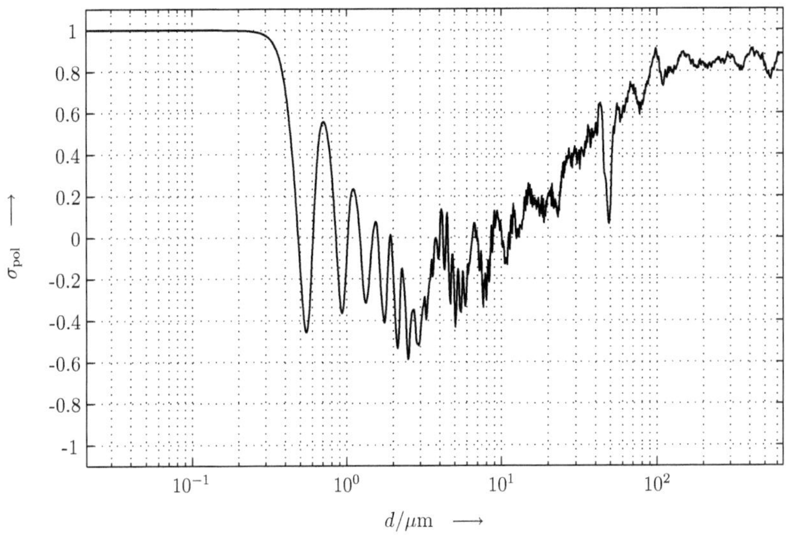

Bild 6.2: Polarisationsgrad von sphärischen Wassertropfen im Streuwinkel $\theta_i = 90°$

Im Bereich kleiner Partikel (Rayleigh-Bereich) ist $\sigma_{\text{pol}} = 1$, da nur senkrecht zur Streuebene polarisiertes Licht gestreut wird. Dies gilt allgemein für kleine Kugeln, solange deren Brechungsindex nahe 1 liegt. Im Bereich der Mie-Streuung schwankt der Polarisationsgrad stark um Null. Bei weiter wachsendem Partikeldurchmesser nähert sich der Wert von σ_{pol} einem konstanten Wert, der auch mit Hilfe der Fresnelschen Formeln und dem Brechungsindex berechnet werden kann.

Mit dem verwendeten Aufbau wird die Intensität des Streulichts über die CCD-Kamera gemessen. Dabei handelt es sich um eine Messung im „Raummultiplexverfahren“, da die einzelnen Messfelder auch verschiedene „Orte“ beobachten. Demzufolge ist es sinnvoll, mit den zeitlichen Mittelwerten der einzelnen Bildmittelwerte zu arbeiten, um kleine Schwankungen aufgrund lokaler Unterschiede in der Aerosoldichte zu minimieren. Zudem kann angenommen werden, dass beide Laser die gleiche Lichtleistung besitzen und nahezu vollständig polarisiert sind. Der Polarisationsgrad σ_{pol} errechnet sich dann, in Anlehnung an [9], aus:

$$\sigma_{\text{Pol}} = \frac{\bar{p}_{\perp} - \bar{p}_{\|}}{\bar{p}_{\perp} + \bar{p}_{\|}}$$

Die nächste Graphik in Bild 6.3 gibt einen Überblick über die Wertebereiche des Polarisationsgrades der untersuchten Aerosole. Bei der Auswertung wurde nur eine Aufnahme je Sekunde berücksichtigt und die Werte wurden mit einem Zeitfenster von 7 s gemittelt.

Die schwarzen Balken zeigen den Wertebereich für σ_{pol}, der ab einer mittleren Intensität von 7 gemessen wurde. Die grauen Balken zeigen entsprechend den Wertebereich des Polarisationsgrades ab einer mittleren Intensität von 20. Nicht mehr berücksichtigt aufgrund der Übersteuerung der Aufnahmen sind Werte ab einer mittleren Intensität von 100.

Alle offenen Feuer (TF1, TF4, TF5, TF7) weisen Werte von $\sigma_{\text{pol}} \approx 1$ auf. Dieses Ergebnis stimmt mit den Simulationen des Streuverhaltens von Agglomeraten (siehe z.B. Bild 2.10) gut überein und deckt sich mit den Messungen von Löpfe et al. [51] und Weinert et al. [86]. Der hohe Wert von σ_{pol} ist jedoch nicht allein auf die erhöhte Anzahl an kleinen Partikeln zurückzuführen. Vielmehr ist der Effekt mit der Beschaffenheit der Rauchpartikel zu erklären, wie sie in Abschnitt 2.3.2 beschrieben ist. Auch die Ergebnisse der weiteren Aerosole, sofern sie in [51] und [86] angegeben sind, lassen sich durch die Messungen von Löpfe und Weinert bestätigen.

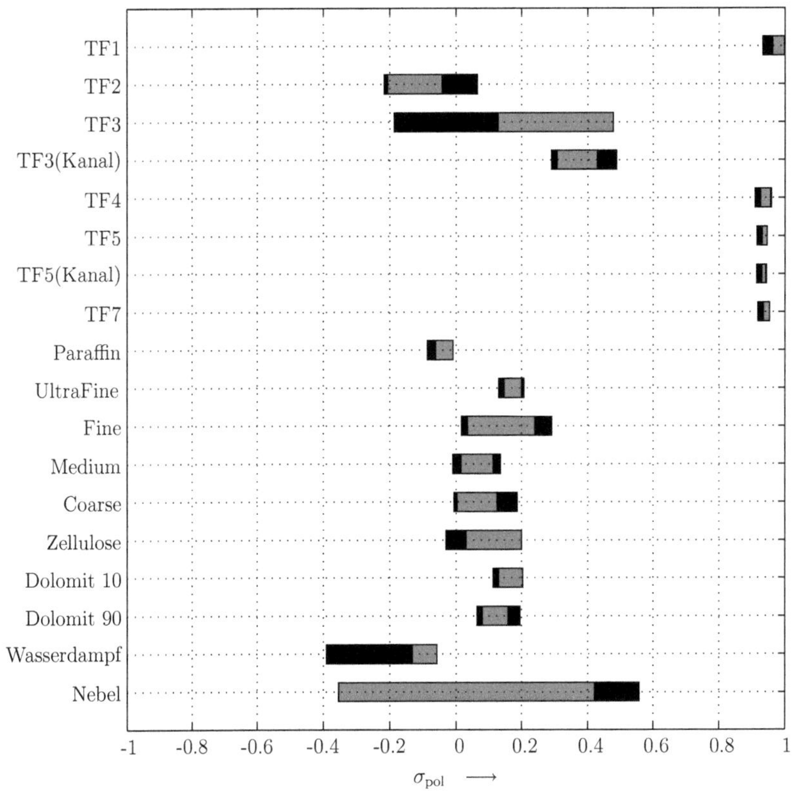

Bild 6.3: σ_{pol} in verschiedenen Szenarien

Auffallend ist jedoch der vergleichsweise breite Wertebereich von Wassernebel. Dieser entsteht aufgrund der Änderung der Partikelgrößenverteilung während der Versuche im Kanal. In Bild 6.4 ist σ_{pol} für Nebel über die Zeit t aufgetragen.

Während der Nebelversuche wird die Luftfeuchtigkeit im Kanal stetig erhöht. Beim Erreichen des Taupunktes entsteht Dunst mit sehr kleinen Tropfen. Mit fortlaufender Zeit wachsen die Partikel durch weitere Kondensation und Koagulation. Dies wirkt sich auf den Polarisationsgrad aus, der zu Beginn sehr hohe Werte aufweist, die sich jedoch mit der Alterung des Aerosols verringern.

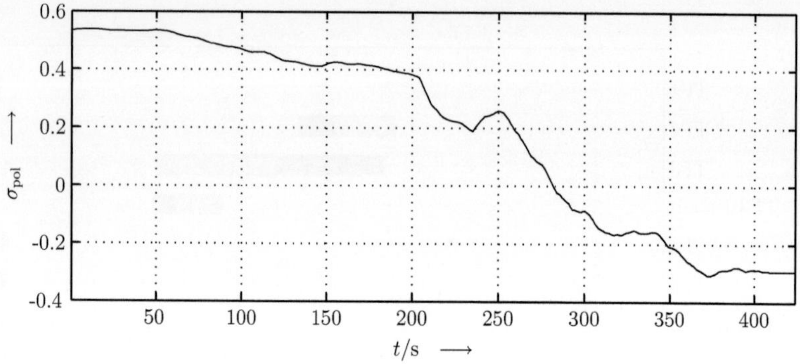

Bild 6.4: Zeitlich abhängiger Polarisationsgrad von Wassernebel (im Versuchskanal)

Demzufolge ist auf diese Weise Nebel nicht von Schwelbränden zu unterscheiden. Auch Staub oder Wasserdampf zeigen Werte des Polarisationsgrades im Bereich der Werte von Schwelbränden. Durch die Untersuchung des Polarisationsgrades sind jedoch offene Brände erkennbar. Die Empfindlichkeit des Melders könnte in diesem Fall angehoben werden.

Eine in der Brandfrüherkennung bislang nicht behandelte Möglichkeit ist die Untersuchung der Depolarisation von Aerosolen, die Inhalt des nächsten Abschnitts ist.

6.2 Depolarisation

Bei den Streulichtberechnungen anhand der Mie-Theorie wird die Polarisationsrichtung der einfallenden und gestreuten Strahlung in zwei orthogonale Komponenten aufgeteilt: parallel zur Streuebene und senkrecht zur Streuebene. In bestimmten Fällen, wie z.B. bei sehr kleinen Partikeln im Betrachtungswinkel von 90°, wird eine Polarisationsrichtung stark gedämpft. Dennoch wird eine „Depolarisation", d.h. eine Umwandlung von parallel (bzw. senkrecht) polarisierter Strahlung in die dazu orthogonale Polarisationsrichtung, also die senkrechte Richtung (bzw. parallele), ausgeschlossen.

Dieser Fall (keine Depolarisation) trifft aber nur für kugelförmige Partikel zu. Da für viele Aerosole wie z.B. Rauch offener Brände oder Staub die Annahme kugelförmiger Partikel nicht zutrifft, ist die Untersuchung der Depolarisation durchaus von großem Interesse.

In Anlehnung an die Arbeit von Sorensen [81] wird der Depolarisationsgrad σ_{depol} eingeführt:

$$\sigma_{\text{depol}} = \frac{\bar{p}_{\text{d}\perp}}{\bar{p}_{\perp}}$$

Der Depolarisationsgrad beschreibt das Verhältnis zwischen der gemessenen Intensität bei gedrehter Polarisation und der Intensität bei gleich bleibender Polarisationsrichtung. Durch die Wahl von senkrecht polarisiertem Licht können auch Partikel, die in den Rayleigh-Bereich fallen oder durch die RDG-Approximation beschrieben werden, berücksichtigt werden [81].

Depolarisation tritt auf, wenn z.B. Mehrfachstreuung im Partikel entsteht. Dieser Fall wurde durch Sorensen anhand von Simulationen und Messungen an Agglomeraten untersucht. Dabei stellte sich heraus, dass der Effekt der Mehrfachstreuung im Agglomerat gering ist (siehe insbesondere [81], Seite 670, Bild 18). Der Depolarisationsgrad war kleiner als 1% ($\sigma_{\text{depol}} \leq 0,01$).

Mikroskopische Untersuchungen von Staubpartikeln haben gezeigt, dass 50-80% der Partikel scharfe Kanten aufweisen und von der Kugelform abweichen [34]. Da aber die Berücksichtigung der unterschiedlichen Formen kompakter, asymmetrischer Partikel rechnerisch sehr aufwändig ist, wurden z.B. in [95] Simulationen an Sphäroiden durchgeführt. Die Ergebnisse zeigen, dass im Bereich $60° < \theta_i < 180°$ Depolarisation auftritt. Es ist daher zu erwarten, dass im Gegensatz zu Rauch bei Staub Depolarisation verstärkt auftritt.

Zur Entwicklung eines Kriteriums zur Unterscheidung zwischen Brand- und Störaerosolen wurde der Wert des Depolarisationsgrades σ_{depol} in verschiedenen Szenarien gemessen. Die Ergebnisse sind in Bild 6.5 dargestellt. Die Randbedingungen der Auswertung sind die gleichen wie bei der Auswertung des Polarisationsgrades. Aufgrund der zu erwartenden sehr kleinen Werte der Depolarisation bei z.B. Nebel ist der Einfluss der Trübung des Sichtfensters groß und wurde in der Auswertung berücksichtigt (genauere Beschreibung im Abschnitt 6.3).

Der Wertebereich der gemessenen Depolarisationsgrade für Schwelbrände, Wasserdampf und Nebel – diese Aerosole weisen nahezu kugelförmige Partikel auf – liegt bei $\sigma_{\text{depol}} < 0,025$. Die, abweichend von der Theorie, von Null verschiedenen Werte lassen sich durch die nicht idealen Eigenschaften der Hardware erklären. Der Laser hat einen Polarisationsgrad von etwa 0,98. Zudem sind kleine Ungenauigkeiten in der Positionierung der ebenfalls nicht idealen Polarisationsfilter nicht auszuschließen.

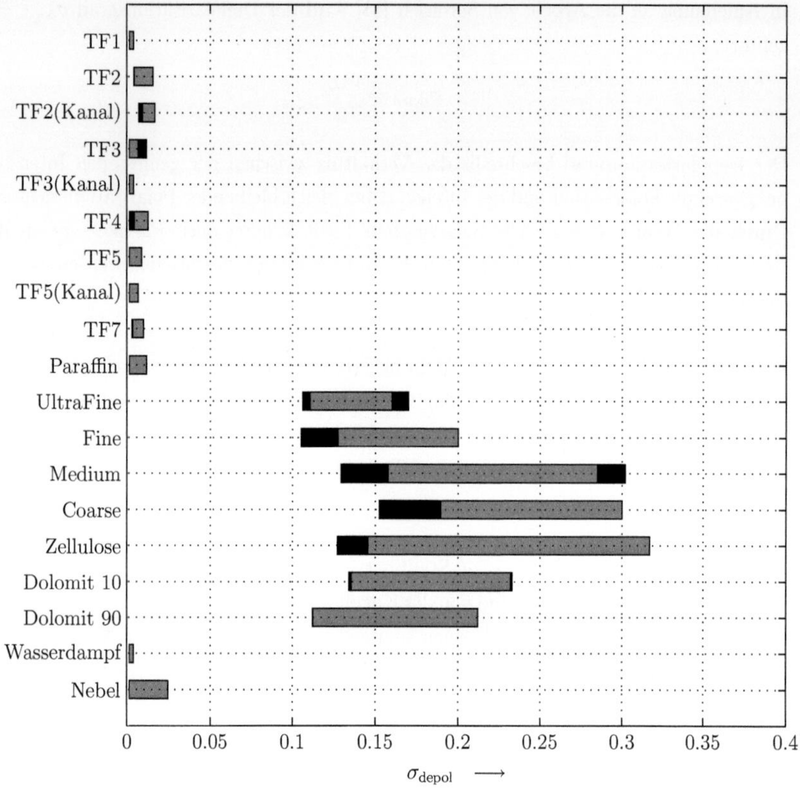

Bild 6.5: σ_{depol} in verschiedenen Szenarien

Die Ergebnisse der Auswertung der Daten von offenen Bränden stimmen mit den Untersuchungen von Sorensen überein. Trotz nicht kugelförmiger Partikel entsteht bei Agglomeraten aus Rauch von offenen Bränden keine nennenswerte Depolarisation. Dies lässt sich durch die offene Aststruktur der Agglomerate erklären, d.h. durch die geringe fraktale Dimension. Dieses Ergebnis zeigt auch, dass die RDG-Approximation für die Beschreibung des Streuverhaltens von Rauch von offenen Bränden, zumindest was die Polarisationseigenschaft angeht, geeignet ist.

Von besonderem Interesse für die Brandfrüherkennung ist das Verhalten von Staub. Alle Stäube, nahezu unabhängig von der Partikelgrößenverteilung, zeigen Werte im Bereich

$0,1 < \sigma_{\text{depol}} < 0,33$. Damit lassen sie sich gut von anderen Aerosolen unterscheiden. Vergleicht man die ISO-Stäube Ultrafine, Fine, Medium und Coarse, so ist auch eine leichte Abhängigkeit des Depolarisationsgrades von der Größe der Partikel zu erkennen. Die Auswertung des Depolarisationsgrades in orthogonaler Polarisationsrichtung, d.h. für einfallende Strahlung parallel zur Streuebene, zeigt keine nennenswerten Unterschiede zur beschriebenen Auswertung.

6.3 Algorithmen zur Brandfrüherkennung

Die zwei vorherigen Abschnitte haben gezeigt, dass durch die polarimetrische Auswertung des Streulichts einerseits eine verbesserte Detektion von Rauch von offenen Bränden möglich ist. Andererseits erlaubt die polarimetrische Auswertung auch eine Unterscheidung von Staub zu Rauch. Die Erkennung von Wasserdampf und Nebel ist jedoch nicht möglich.

Bei der Auswertung der Depolarisation fließt der Grad der Trübung des Sichtfensters mit ein. Zudem hat sich bei den Messungen gezeigt, dass ein schneller Anstieg der Trübung auch ein Indikator für Wasserdampf ist. Somit wird der Trübungswert im vorgestellten Algorithmus auch zur Erkennung von Störaerosolen, wie Wasserdampf, eingesetzt.

Die in diesem Abschnitt vorgestellten Algorithmen werten allein das Streulicht aus, welches durch Bestrahlung mit senkrecht zur Streuebene polarisiertem Licht entstanden ist. D.h., dass nur die linke Bildhälfte (vergleiche dazu Bild 6.1) ausgewertet wird. Einerseits ist so der Hardwareaufwand minimiert und eine mögliche Implementierung in optische Melder mit mehreren Kanälen erleichtert. Andererseits ist die Empfindlichkeit eines Melders, der allein mit einer senkrecht polarisierten Lichtquelle arbeitet, für Schwel- und offene Brände ähnlich. Eine Anpassung der Empfindlichkeit, wie sie anhand der Auswertung des Polarisationsgrades möglich wäre, ist demzufolge nicht notwendig. Vergleicht man die gemessenen mittleren Pixelwerte in den Bildern 5.13 und 5.14 zu Zeitpunkten, in denen der Extinktionskoeffizient ähnliche Werte annimmt, so unterscheiden sie sich kaum. Dieser Effekt lässt sich durch die Rayleigh-Streuung erklären. Übliche Melder messen unpolarisierte Strahlung. Bei einem Winkel von $\theta_i = 90°$ streuen kleine Partikel, bzw. Agglomerate, sofern sie durch die RGA beschreibbar sind, nur senkrecht polarisiertes Licht. Größere Partikel hingegen streuen in beiden Polarisationsrichtungen. Dies hat zur Folge, dass bei Rauch von offenen Bränden die Streuintensität nur etwa halb so hoch ist, wie bei Rauch von Schwelbränden bei gleicher Extinktion. Die Streuintensität ist weiterhin abhängig vom komplexen Brechungsindex $\underline{m}$. Dennoch zeigen die Messungen, dass schon durch die alleinige Betrachtung der senkrechten Polarisation der Unterschied zwischen den Streuintensitäten von Schwel- und offenen Bränden verringert werden kann.

Im Fokus der Algorithmen dieses Kapitels liegt die Verarbeitung der polarimetrischen Daten. Die Alarmentscheidung durch einen einfachen Schwellenwertdetektor ist daher mit Absicht simpel gehalten.

6.3.1 Algorithmus zur Raucherkennung mit einfacher Gewichtungsfunktion

Der erste vorgeschlagene Algorithmus arbeitet ähnlich dem Algorithmus in Abschnitt 5.2.2. Der gemessene mittlere Pixelwert $\bar{p}_{\perp}$, der Indikator für die Rauchdichte, wird mit einer von σ_{depol} abhängigen Gewichtungsfunktion multipliziert und mit einem Schwellenwert verglichen. Bild 6.6 zeigt die Gewichtungsfunktion in Abhängigkeit vom Depolarisationsgrad.

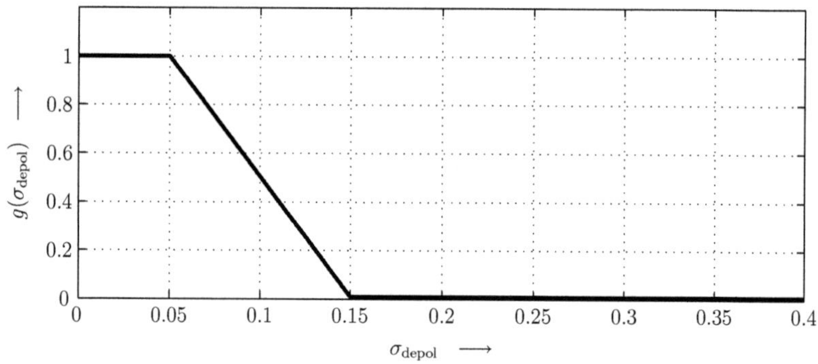

Bild 6.6: Gewichtungsfunktion $g(\sigma_{\text{depol}})$

Der Bereich in dem Brandaerosole zu erwarten sind ($\sigma_{\text{depol}} < 0,05$) wird mit 1 gewichtet. Dann folgt ein Anstieg der Dämpfung bis $\sigma_{\text{depol}} = 0,15$. Im Bereich $\sigma_{\text{depol}} > 0,15$ nimmt die Gewichtungsfunktion den Wert 0,01 an. Der „weiche" Übergang zwischen den Wertebereichen von Brandaerosolen und Staub kommt besonders dann zum Tragen, wenn Staub und Rauch gleichzeitig auftreten (siehe dazu Abschnitt 6.3.4). Eine Skizze des Algorithmus ist in Bild 6.7 zu sehen.

Bei Rauch und Aerosolen mit runden Partikeln ist zu erwarten, dass der mittlere Pixelwert im Bereich des Depolarisationsfeldes gleich null ist: $\bar{p}_{d\perp} \approx 0$. Daher wird der ermittelte Depolarisationsgrad stark von der Streuung, die z.B. durch Kondensation am Sichtfenster entsteht, beeinflusst. Um dem entgegen zu wirken, wird der Trübungswert des Sichtfensters $\bar{p}_{\mathrm{f}\perp}$ miteinbezogen.

Eine vom Depolarisationsgrad abhängige Gewichtung des mittleren Pixelwertes findet erst bei eindeutiger Erkennung eines Aerosols statt, d.h. ab einem Wert $\bar{p}_{\perp} > 7$. Zudem werden die mittleren (örtlich gemittelten) Pixelwerte $\bar{p}_{\perp}$, $\bar{p}_{\mathrm{d}\perp}$ und $\bar{p}_{\mathrm{f}\perp}$ mit einem 7 s breiten Zeitfenster gemittelt, um kleine Schwankungen aufgrund lokaler Unterschiede in der Aerosoldichte zu minimieren. Um einen Vergleich der Algorithmen zu ermöglichen, wird die Auswertung der Testversuche gemeinsam in Abschnitt 6.3.4 behandelt.

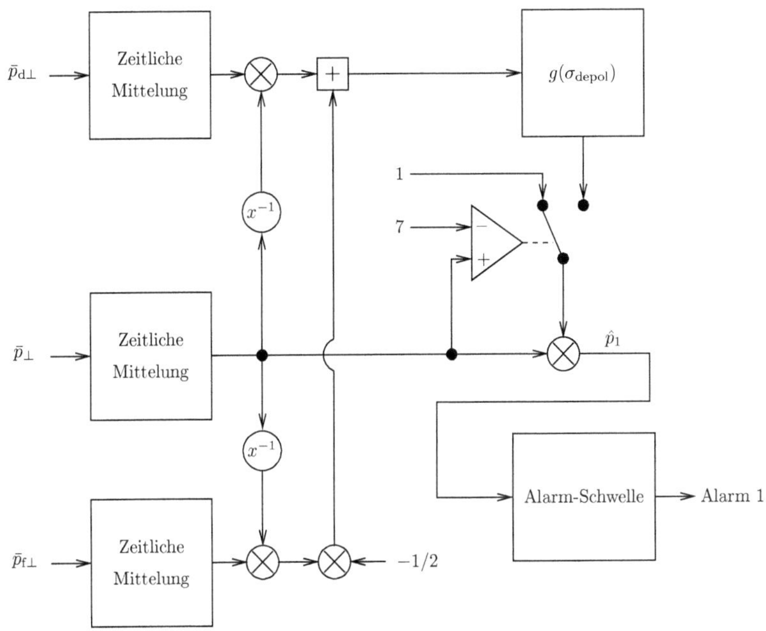

Bild 6.7: Skizze des Algorithmus mit einfacher Gewichtungsfunktion

6.3.2 Algorithmus zur Raucherkennung in staubigen Atmosphären

Der vorherige Algorithmus setzt die Empfindlichkeit für Aerosole, die einen hohen Depolarisationsgrad aufweisen, stark herab. Dies führt zu einer korrekten Entscheidung, solange Störaerosole und Rauch nicht gleichzeitig auftreten. Für den Fall, dass das System in einer mit Staub belasteten Umgebung eingesetzt wird, ist der Algorithmus jedoch ungeeignet.

Der in diesem Abschnitt vorgestellte und in Bild 6.8 skizzierte Algorithmus subtrahiert von dem eigentlichen Messwert für die Aerosoldichte $\bar{p}_{\perp}$ den Anteil, der durch die Streuung an Staub entsteht.

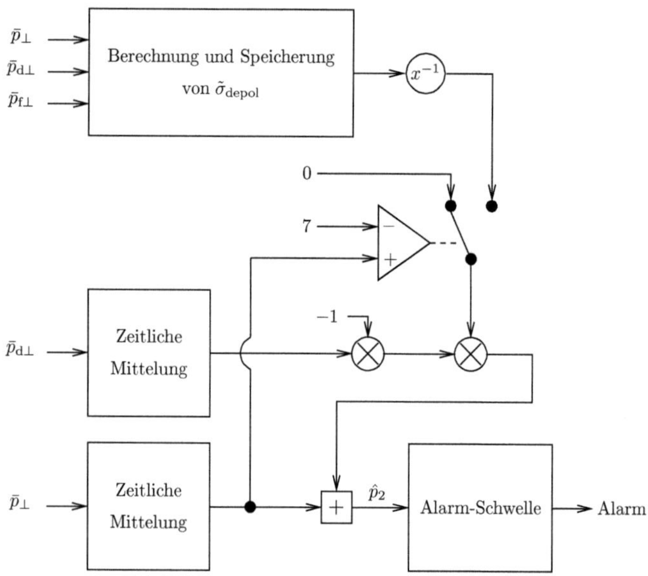

Bild 6.8: Skizze des zweiten Algorithmus

Dazu ist es notwendig, dass der zu erwartende Depolarisationsgrad des Staubes bekannt ist, bzw., dass er zuvor vom Algorithmus „gelernt“ wurde. Der Lernprozess kann beispielsweise durch eine gezielte Zugabe von Staub erfolgen, während der Melder in den „Lernmodus“ geschaltet ist. Denkbar ist aber auch eine Speicherung und ggf. Mittelung von σ_{depol}-Werten aus vergangenen Staub-Ereignissen, die nicht zu einem Alarm geführt haben. Die Alarmentscheidung wird, wie zuvor, über einen Schwellenwertdetektor getroffen.

Wie im vorherigen Algorithmus werden die Messwerte zeitlich gemittelt. Zudem wird der mittlere Pixelwert $\bar{p}_{\perp}$ erst nach der sicheren Erkennung eines Aerosols verändert, d.h. $\bar{p}_{\perp} > 7$.

Bevor die Vor- und Nachteile dieses Algorithmus anhand der Auswertung verschiedener Testszenarien vorgestellt und diskutiert werden (Abschnitt 6.3.4), wird im nächsten Abschnitt ein Verfahren zur Erkennung von Wasserdampf vorgestellt.

6.3.3 Algorithmus zur Erkennung von Kondensation

Die Erkennung des Zustandes der Optik eines Melders ist von entscheidender Bedeutung für die korrekte Auswertung der gemessenen Daten. Algorithmen zur Nachführung von Messwerten sind in zahlreichen Patentschriften beschrieben. Mit dem hier vorgestellten System erfolgt eine Erkennung des Grades der Verschmutzung der Optik anhand der Auswertung des Trübungswertes (blaues Feld in Bild 6.1). Die Auswertung der Messdaten hat gezeigt, dass ein schneller Anstieg des Trübungswertes ein Indikator für die Kondensation von Feuchtigkeit und ein Hinweis auf Wasserdampf ist.

Der entwickelte Algorithmus zur Erkennung von Kondensation vergleicht den augenblicklichen Grad der Trübung mit dem Trübungsgrad zu Beginn eines Ereignisses, d.h. zu dem Zeitpunkt, an dem $\bar{p}_{\perp}$ den Wert 7 übersteigt. Überschreitet der Unterschied beider Werte einen Schwellenwert, wird „starke Kondensation“ gemeldet, und der Melder könnte in einen Fehlermodus übergehen. Siehe dazu auch Bild 6.9. Erste Versuche mit der vorgestellten Methode sind im nächsten Abschnitt beschrieben.

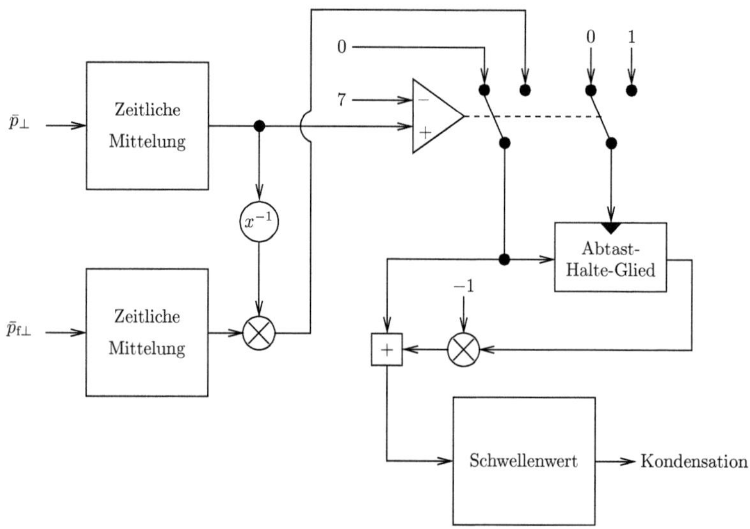

Bild 6.9: Skizze des Algorithmus zur Erkennung von Kondensation

6.3.4 Implementierung der Algorithmen und Auswertung der Testversuche

Um die entwickelten Algorithmen auf Ihre Funktionsfähigkeit zu überprüfen, sind in diesem Abschnitt die Messwerte und die resultierenden Signale sowie die Alarmzeitpunkte für verschiedene Szenarien dargestellt. Die Bilder 6.10, 6.11, 6.12, 6.13, 6.14 und 6.15 zeigen jeweils drei Diagramme in Abhängigkeit von der Zeit t. Diese entstanden durch Auswertung der Videodaten, wobei pro Sekunde nur ein einziges Bild ausgewertet wurde. Eine höhere Datenrate hat zu keiner nennenswerten Veränderung der Charakterisierung geführt.

In den oberen Diagrammen der genannten Bilder (6.10-6.15) sind die Werte von $\bar{p}_{\perp}$, $\hat{p}_1$ und $\hat{p}_2$ aufgetragen. Der Wert $\bar{p}_{\perp}$ ist der Mittelwert des linken, oberen Feldes in den Videobildern und fungiert als Indikator für die Rauchdichte. $\hat{p}_1$ und $\hat{p}_2$ sind die jeweiligen, durch die Algorithmen gewichteten Funktionen (siehe Bilder 6.7 und 6.8), die mit dem Schwellenwert (rote gestrichelte Linie) verglichen werden. Dieser entspricht dem Wert der mittleren Helligkeit bei $m_{\text{ext}} = 0,4$ dB/m während eines Paraffinversuches. Dieser Wert wurde in Anlehnung an die EN54, Teil 9 gewählt. Zum Vergleich ist der Extinktionskoeffizient, jeweils in den unteren Diagrammen der einzelnen Bildern, im gleichen Zeitintervall aufgetragen. Bei den Wasserdampfversuchen wurde jedoch auf die Darstellung des Extinktionskoeffizienten verzichtet, da das Messgerät MIREX nach wenigen Sekunden vollständig beschlagen war, sodass kein sinnvoller Vergleich möglich war.

Das jeweils mittlere Diagramm zeigt die Signale „Ereignis“, „Alarm 1“, „Alarm 2“ und „starke Kondensation“. Diese sind im Anfangszustand bei 0 und steigen auf den Wert 1, sobald die jeweilige Alarmschwelle überschritten wird. Im Falle des Signals „Ereignis“ wird angezeigt, ob die mittlere Intensität $\bar{p}_{\perp}$ den Wert 7 überschreitet und die Algorithmen zum Einsatz kommen. Die Auswertung der Testfeuer TF1 und TF2 zeigt, dass die Algorithmen den gemessenen Wert der mittleren Intensität nicht beeinflussen, d.h. $\bar{p}_{\perp} = \hat{p}_1 = \hat{p}_2$. Die Kurven in den oberen Diagrammen von Bild 6.10 und Bild 6.11 liegen aufeinander.

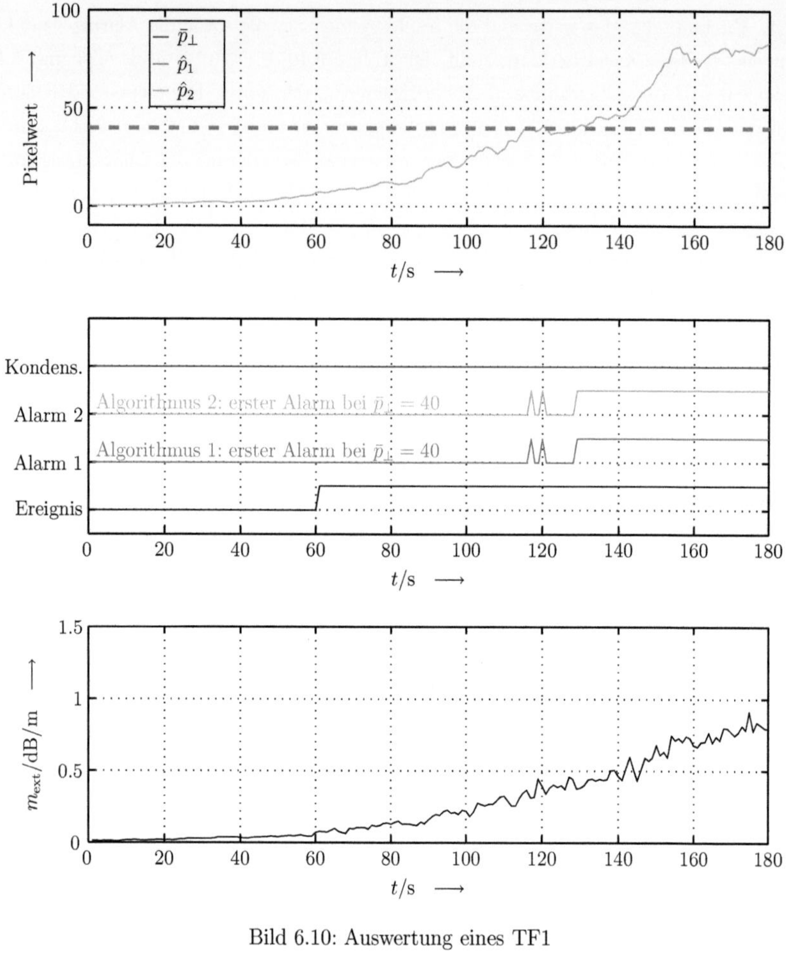

Bild 6.10: Auswertung eines TF1

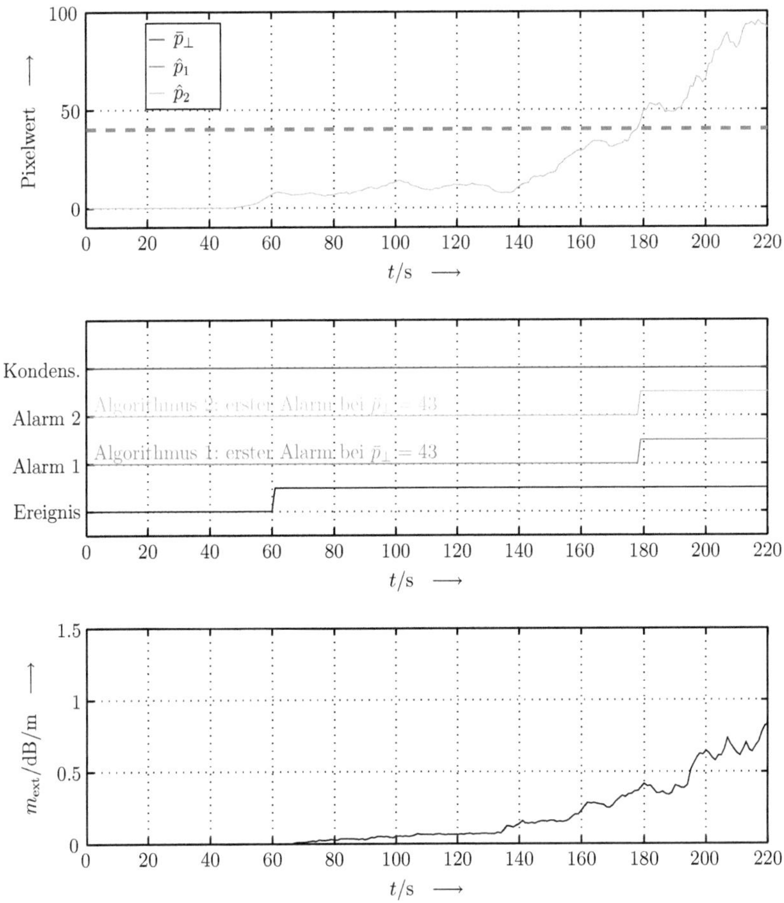

Bild 6.11: Auswertung eines TF2

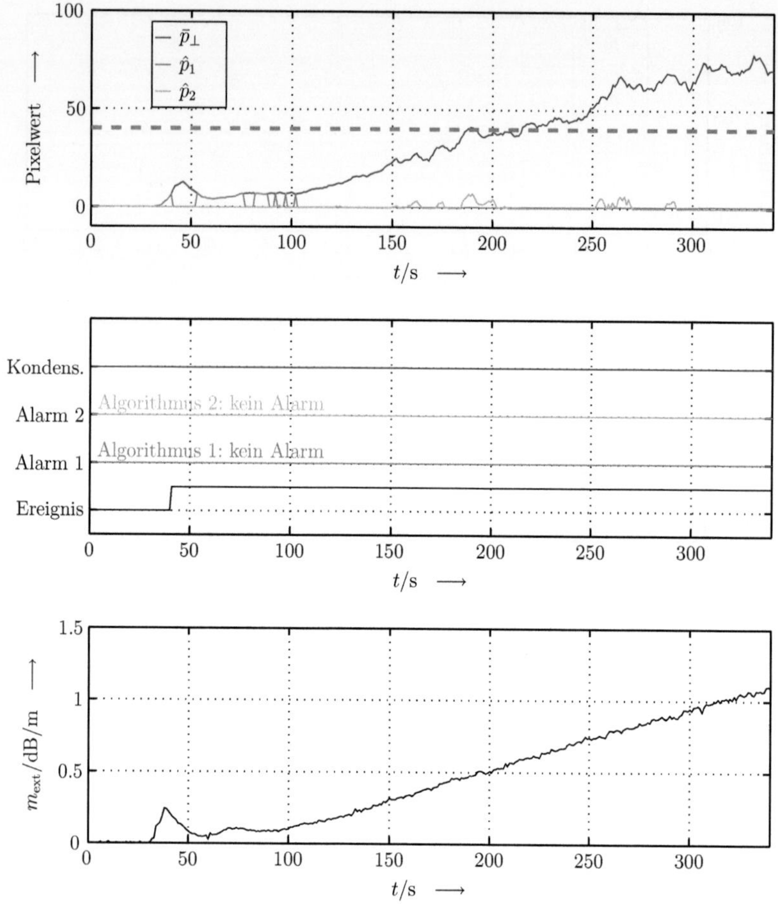

Bild 6.12: Auswertung eines Versuchs mit Staub des Typs ISO Medium

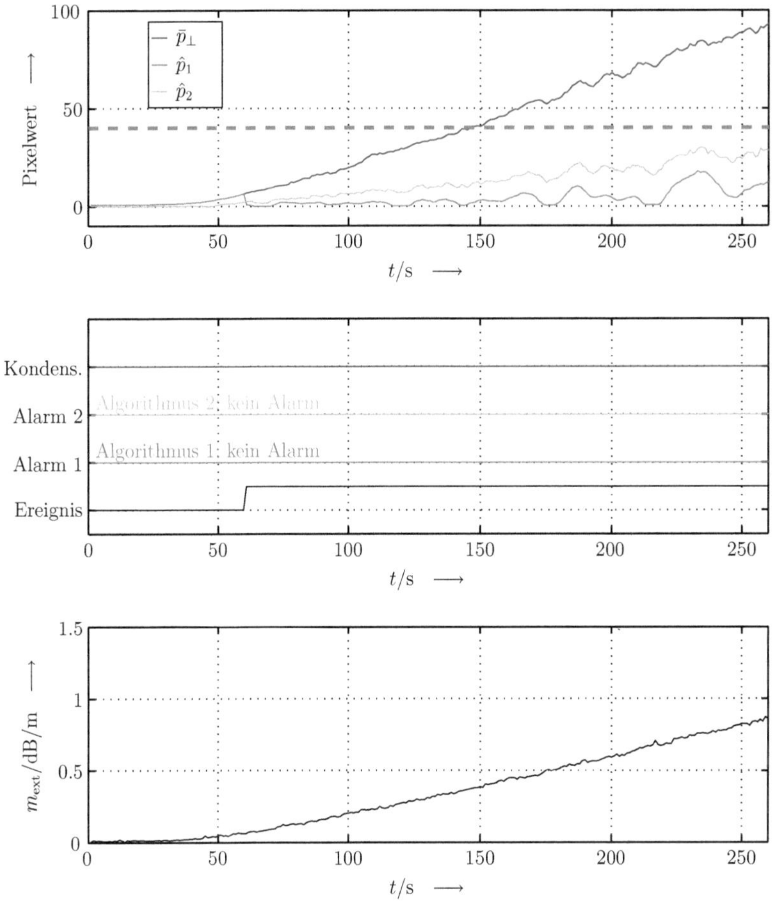

Bild 6.13: Auswertung eines Versuchs mit Staub des Typs ISO Ultrafine

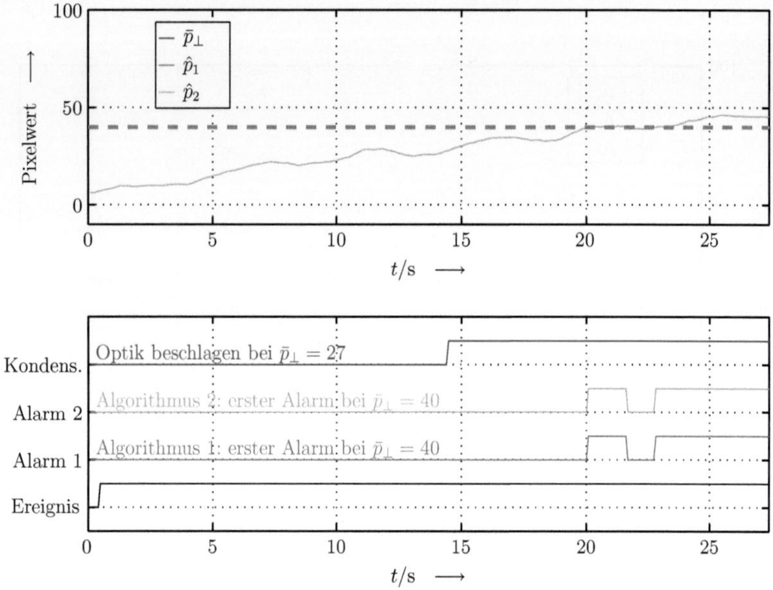

Bild 6.14: Auswertung eines Versuchs mit Wasserdampf (Versuch 1)

Vergleicht man den Wert des Extinktionskoeffizienten der Versuche des TF1 und des TF2 zum Zeitpunkt des Alarms, so liegen beide bei etwa $m_{\text{ext}} \approx 0,4$ dB/m. Die Empfindlichkeit des Systems ist somit für offene und Schwelbrände ähnlich. Der Grund liegt, wie bereits erläutert, in der Wahl der gemessenen Polarisationsrichtung.

Während des Versuchs mit Staub des Typs ISO A3 Medium führen beide Algorithmen zu keinem Alarm (bei $m_{\text{ext}} \leq 1$ dB/m). Für den Staub ISO A3 liegt der Wert von $\sigma_{\text{depol}} \approx 0,24$ und $\bar{p}_\perp$ wird somit vom ersten Algorithmus stark gedämpft. Der zweite Algorithmus wurde im Lernmodus mit DMT-Cellulosestaub beaufschlagt und hat den Wert $\sigma_{\text{depol,gelernt}} = 0,23$ gespeichert. Dieser Wert ist dem aktuellen Depolarisationsgrad des ISO A3 Staubes sehr ähnlich, weshalb auch Algorithmus 2 zu keinem Fehlalarm führt.

Anders jedoch ist es der Fall bei Staub ISO A1 Ultrafine. Während der erste Algorithmus den Wert von $\bar{p}_\perp$ so weit dämpft, dass es zu keinem Fehlalarm kommt (im Bereich

$m_{\text{ext}} \leq 1$ dB/m), wirkt sich im Algorithmus 2 der Unterschied zwischen dem gelernten und dem aktuellen Depolarisationsgrad stark aus. Für den ISO Ultrafine Staub wurde $\sigma_{\text{depol}} \approx 0,14$ gemessen. Die Diskrepanz von etwa 40% zwischen dem aktuellen Depolarisationsgrad (während des ISO Ultrafine Staubversuchs) und dem gelernten führt dazu, dass auch $\hat{p}_2$ auf etwa 40% von $\bar{p}_\perp$ gedämpft wird. Somit könnte es bei einem Pixelwert von $\bar{p}_\perp \approx 100$ zu einem Fehlalarm kommen.

Wasserdampf ist mit keinem der beiden Algorithmen als Störaerosol zu identifizieren und führt zu einem Fehlalarm. Dennoch kann die schnelle Kondensation von Wasser am Sichtfenster (Beschlagen) erkannt werden. Wird das Signal „starke Kondensation" vor einem möglichen Alarm gesendet, wie im Wasserdampfversuch 1, so kann ein Fehlalarm verhindert werden. Bei einem schnellen Anstieg der Wasserdampfdichte, wie im Wasserdampfversuch 2, könnte es jedoch trotzdem zu einem Fehlalarm kommen. In diesem Fall wird die Alarmschwelle erreicht, bevor genügend Feuchtigkeit am Sichtfenster kondensiert ist. Im Wasserdampfversuch 2 liegen beide Zeitpunkte sehr nah beieinander.

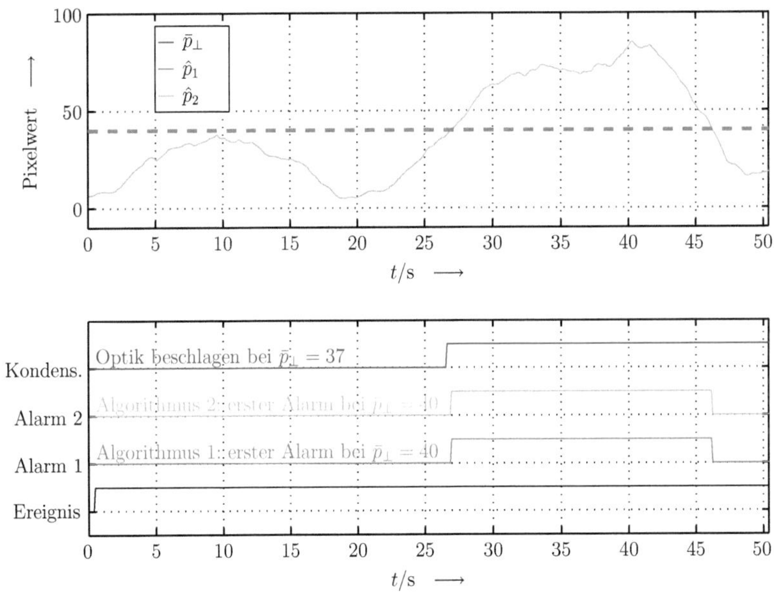

Bild 6.15: Auswertung eines Versuchs mit Wasserdampf (Versuch 2)

Es kann festgehalten werden, dass die polarimetrische Analyse des Streulichts eine Unterscheidung zwischen Brandaerosolen und Staub erlaubt. Der Vorteil gegenüber Meldern, die mit zwei Wellenlängen (z.B. Blau und IR) arbeiten, liegt darin, dass die Unterscheidung nicht anhand der Partikelgröße stattfindet, sondern aufgrund der Partikelform. Daher sind auch Schwelbrände mit großen Partikeln von feinem Staub unterscheidbar.

Der Vergleich beider Methoden zeigt, dass der Algorithmus mit einfacher Kennlinie (Algorithmus 1) in keinem Staubversuch zu einem Fehlalarm geführt hätte. Anders jedoch Algorithmus 2, dieser führt zu einem Fehlalarm, wenn der Unterschied zwischen dem gelernten und dem aktuellen Depolarisationsgrad zu groß wird.

Eine Unterscheidung von Wasserdampf und Brandaerosolen ist mit den präsentierten polarimetrischen Methoden, zumindest bei $\theta_i = 90°$, nicht möglich. Dennoch wurde ein Verfahren vorgestellt, das die Trübung des Sichtfensters auswertet und bei einem schnellen Anstieg der Trübung eine Fehlermeldung sendet. Damit lässt sich die Anzahl an Fehlalarmen durch Wasserdampf stark verringern.

Der große Vorteil des polarimetrischen Verfahrens ist jedoch, dass sich der Anteil an nicht kugelförmigen Aerosolen in einem Aerosolgemisch feststellen lässt, sofern der Depolarisationsgrad bekannt ist. Die nächsten Bilder zeigen emulierte Szenarien, in denen Staub in Konzentrationen oberhalb des Alarmschwellenwertes in der Atmosphäre vorhanden war und zusätzlich ein Brand (TF1 und TF2) entstand. Die Rohdaten wurden in getrennten Versuchen gemessen und schließlich addiert. Der Staubversuch wurde mit DMT-Cellulosestaub durchgeführt, wobei die Konzentration über ein längeres Zeitintervall konstant gehalten wurde. Die EN54 Brandversuche wurden im BEL aufgenommen.

Wie in den vorherigen Bildern zeigen die oberen Diagramme den mittleren Pixelwert und die durch die Algorithmen gewichteten Signale. Das jeweils mittlere Diagramm zeigt die Signale „Alarm 1“, „Alarm 2“, „Kondensation“ und „Ereignis“. Anders als in den vorherigen Darstellungen zeigt das jeweils untere Diagramm den mittleren Pixelwert $\bar{p}_{\mathrm{TF}\perp}$ des addierten Brandaerosols.

In den Bildern 6.16 und 6.17 wurde der zweite Algorithmus mit dem „korrekten“ Depolarisationsgrad gestartet, der auch während des Cellulosestaubversuchs gemessen wurde. Die Auswertung zeigt, dass der erste Algorithmus erst bei einer wesentlich höheren Rauchdichte $\bar{p}_{\mathrm{TF}\perp}$ in den Alarmzustand geht, als es ohne zusätzlichen Staub in der Luft der Fall wäre. Der Alarmzeitpunkt ist bei Algorithmus 1 abhängig vom Verhältnis der jeweiligen Aerosolkonzentrationen von Rauch und Staub. Je größer der Staubanteil, desto höher muss auch der Rauchanteil sein, um zum Alarm zu führen. Algorithmus 2 reagiert hingegen bei etwa gleicher Rauchkonzentration wie im staubfreien Zustand. Da der aktuelle Depolarisationsgrad mit dem Wert $\sigma_{\text{depol,gelernt}}$ übereinstimmt, kann der Staubanteil aus $\bar{p}_\perp$ subtrahiert werden.

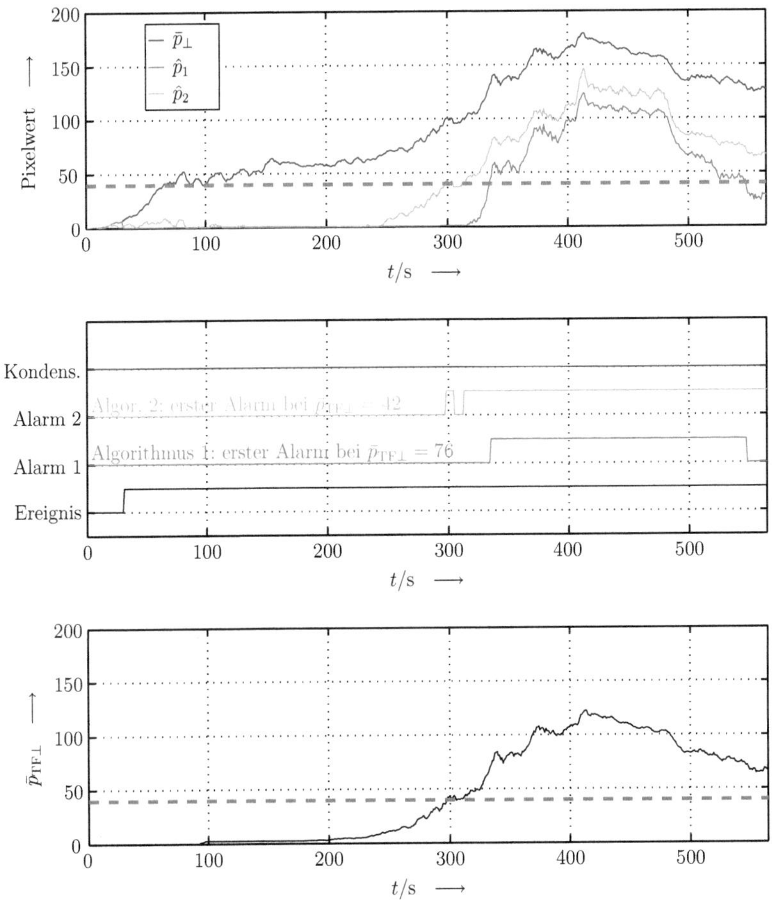

Bild 6.16: Auswertung eines TF1 in mit Cellulosestaub verunreinigter Luft

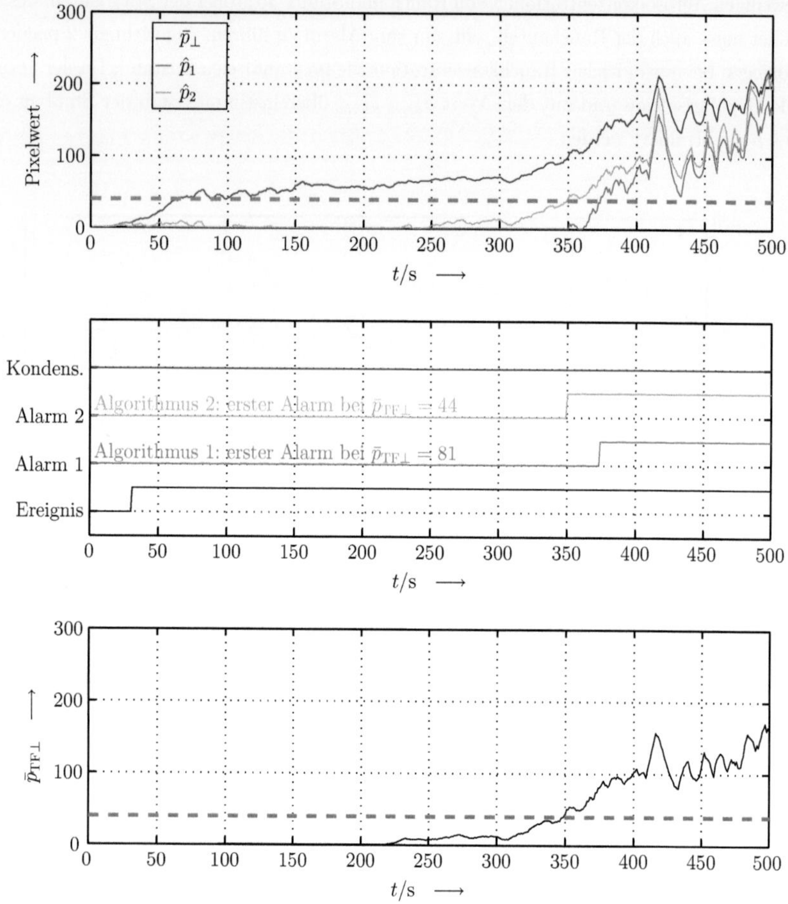

Bild 6.17: Auswertung eines TF2 in mit Cellulosestaub verunreinigter Luft

Diskrepanzen zwischen dem aktuellen Depolarisationsgrad und dem Wert $\sigma_{\mathrm{depol,gelernt}}$ führen jedoch zu Fehlinterpretationen. Ist $\sigma_{\mathrm{depol}} < \sigma_{\mathrm{depol,gelernt}}$ so wird Staub als Rauch erkannt (siehe auch Bild 6.13). Eine größere Gefahr entsteht jedoch, wenn $\sigma_{\mathrm{depol}} > \sigma_{\mathrm{depol,gelernt}}$, d.h., wenn z.B. im Lernmodus ISO Ultrafine Staub eingesetzt wurde und die Atmosphäre mit Cellulosestaub verunreinigt ist. Dann besteht die Gefahr, dass ein Brand wesentlich später oder gar nicht erkannt wird. Dieser Fall ist in den Bildern 6.18 und 6.19 dargestellt.

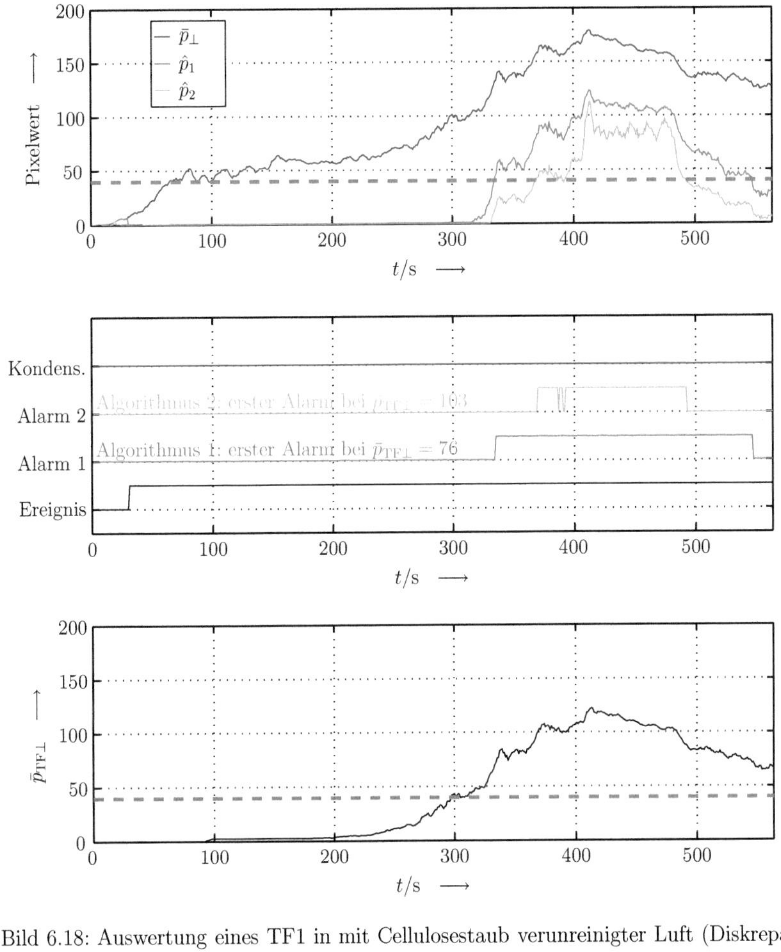

Bild 6.18: Auswertung eines TF1 in mit Cellulosestaub verunreinigter Luft (Diskrepanz der Depolarisationsgrade)

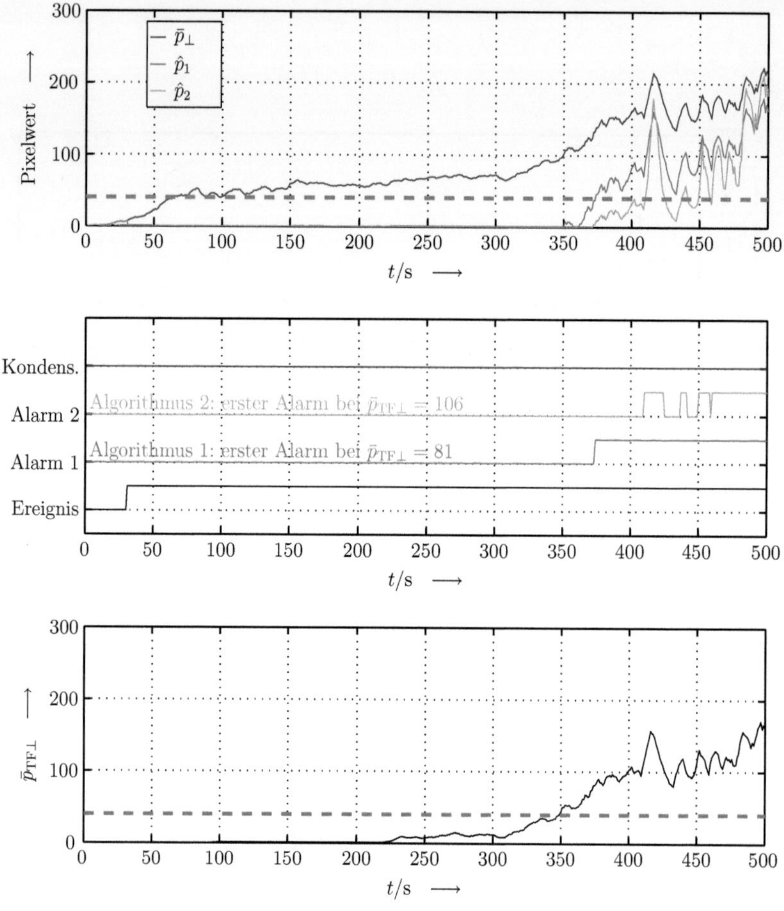

Bild 6.19: Auswertung eines TF2 in mit Cellulosestaub verunreinigter Luft (Diskrepanz der Depolarisationsgrade)

Systeme, die im Normalfall in staubfreier Atmosphäre arbeiten, können mit dem ersten Algorithmus ausgestattet werden. Dieser bietet eine sehr gute Unterdrückung von Fehlalarmen durch Staub. Wird das System jedoch in Szenarien eingesetzt, die üblicherweise mit Staub verunreinigt sind, so sollten beide Algorithmen kombiniert werden.

Kapitel 7

Zusammenfassung und Ausblick

Die Eignung automatischer Brandmeldesysteme für ein bestimmtes Einsatzgebiet hängt wesentlich davon ab, mit welcher Wahrscheinlichkeit potentielle Fehlalarmsituationen auftreten können. Ein Brandmeldesystem, welches z.B. in einem Sägewerk installiert werden soll, sollte unempfindlich gegen Staub sein. Ein „einfacher“ optischer IR-Streulichtmelder ist für diese Anwendung ungeeignet. Im Haushalt treten in den meisten Räumen selten so hohe Konzentrationen an Störaerosolen auf, dass es zu einem Fehlalarm kommen könnte. Dennoch gibt es auch im Haushalt Bereiche, in denen übliche Rauchmelder ungeeignet sind, wie z.B. in der Küche oder nahe Terrassen. Durch Fegen können Staubwolken aufgewirbelt werden, die zu einem Alarm führen können. Besonders kritisch ist der Küchenbereich, der sehr oft mit Wasserdampf belastet ist. Zudem besteht in der Küche eine erhöhte Brandgefahr, da Wärmequellen und gut brennbare Stoffe wie Öle durchaus sehr dicht nebeneinander liegen können. Der Übergang zwischen Kochen und einem Brand ist fließend.

Thema dieser Arbeit ist die optische Unterscheidung von Rauch und möglichen Störaerosolen wie Staub oder Wasserdampf. Dabei wurden zwei Ansätze verfolgt: einerseits die Aerosolcharakterisierung anhand von hoch aufgelösten Streulichtaufnahmen und andererseits die Unterscheidung von Rauch und Störaerosolen anhand von polarimetrischen Streulichtmessungen. Diese Ansätze können zur optimalen Störunterdrückung auch kombiniert werden.

Durch die bildgestützte Messung von Streulicht ist es möglich, Informationen über die Partikelgrößenverteilung des überwachten Aerosols zu bekommen. Der besondere Vorteil eines videogestützten Systems gegenüber Systemen mit Photodioden, die lediglich die mittlere Intensität des Streulichts auswerten, liegt darin, dass kleine Partikel auch dann erkannt werden können, wenn große, stärker streuende Partikel im Aerosol vorhanden sind. Messungen mit verschiedenen Brand- und Nichtbrandaerosolen haben gezeigt, dass

Wasserdampf und Staub von Rauch unterschieden werden kann. Nicht von Rauch zu unterscheiden sind sehr feiner Wassernebel (Dunst) und Stäube mit einer großen Anzahl an kleinen Partikeln, wie z.B. der Staub des Typs ISO Ultrafine.

Ein weiterer Vorteil des Einsatzes von Bildsensoren zur Streulichtmessung bietet die Möglichkeit der Richtungsschätzung der strömenden Rauchwolken. Diese kann zur Ortung des Brandherdes beitragen. Der Nachteil des Verfahrens ist seine Abhängigkeit von der Strömungsgeschwindigkeit. Mit dem vorgestellten System ist eine Unterscheidung ab einer Aerosolgeschwindigkeit von etwa 0,6 m/s nicht mehr möglich, wobei in typischen „Indoor"-Szenarien die Strömungsgeschwindigkeit unterhalb der Raumdecke bei c.a. 0,2 m/s liegt. Dabei handelt es sich um ein technisches Problem, welches zum Einen durch eine aufwändigere Optik gelöst werden könnte. Zum Anderen kann es umgangen werden, indem die Strömungsgeschwindigkeit der Luft konstant gehalten wird, wie es der Fall bei Ansaugrauchmeldern ist. Der mit einem Melder überwachte Bereich wäre bei einem solchen System größer als bei einem punktförmigen Rauchmelder und der Einsatz von Bildsensoren durchaus vertretbar. Eine andere Einsatzmöglichkeit eines bildgestützten Systems ist die Fehlalarmanalyse. Szenarien, in denen häufig Fehlalarme auftreten, könnten mit dem vorgestellten System überwacht und untersucht werden.

Das zweite vorgestellte Verfahren basiert auf der polarimetrischen Streulichtmessung. Dabei wird zwar nur eine Polarisationsrichtung untersucht (senkrecht zur Streuebene), aber auch die Depolarisation der Strahlung wird gemessen. Das System zeigt eine ähnliche Empfindlichkeit für Rauch von offenen Bränden und Rauch von Schwelbränden. Es ist möglich, Staub wegen seiner stark unregelmäßigen Partikelform anhand der Depolarisation zu erkennen. Das Verfahren ist unabhängig von der Strömungsgeschwindigkeit und kann Rauch auch dann erkennen, wenn die Luft bereits mit Staub verunreinigt ist. Ein weiterer Vorteil ist, dass auch Rauch von Schwelbränden mit geringer Temperatur von feinen Stäuben unterschieden werden kann. Der Nachteil des Verfahrens bleibt, dass es nicht die Möglichkeit der Unterscheidung von Wasserdampf oder Nebel zu Rauch bietet.

Da die meisten Nachteile der einzelnen Verfahren durch das jeweils andere Verfahren kompensiert werden können, ist die Kombination beider Verfahren durchaus sinnvoll!

Symbolverzeichnis

Symbol	Bedeutung
$\|\|$	parallele Polarisationsrichtung zur Streuebene
$\perp$	senkrechte Polarisationsrichtung zur Streuebene
C_{ext}	Extinktionsquerschnitt
d	Partikeldurchmesser
f	Frequenz
F	2D-Fourier-Transformiertes Bild
I_{streu}	Intensität (auch Bestrahlungsstärke, [29] Seite 88) des Streulichts
I_{e}	Intensität des einfallenden Lichts
i_1 und i_2	Intensitätsfunktionen
j	$\mathrm{j} = \sqrt{-1}$
κ	Absorptionsindex
λ	Wellenlänge des Lichts
$\underline{m}$	relativer komplexer Brechungsindex
n_{br}	Realteil des relativen komplexen Brechungsindexes
N	Gesamtanzahl an Partikeln im Streuvolumen
p	Pixelwert $[0 \dots 255]$
$\bar{p}$	örtlich (Bild) gemittelter Pixelwert $[0 \dots 255]$
$\hat{p}$	gewichteter Pixelwert
P	Leistung

R	radialer Abstand
R_{g}	Trägheitsradius (engl.: „radius of gyration“)
$s(t)$	zeitabhängige Funktion s
σ_{depol}	Depolarisationsgrad
σ_{pol}	Polarisationsgrad
σ_{raw}	Rauheitsmetrik
m_{ext}	Extinktionskoeffizient
t	Zeit
θ_i	Streuwinkel
v	Varianz
V	Streuvolumen
x	Pixelposition in waagerechter Richtung
X	Bildbreite in Pixel
y	Pixelposition in senkrechter Richtung
Y	Bildhöhe in Pixel
φ_{flow}	Strömungsrichtung

Abkürzungsverzeichnis

Abkürzung	Bedeutung
AOA	Fa. apparatebau gauting gmbh
BEL	Brandentdeckungslabor
DMT	Deutsche Montan Technologie, ein Montanunternehmen
EN	Europäische Norm
IR	engl.: infrared
ISO	engl.: International Organization for Standardization
Laser	engl.: Light Amplification by Stimulated Emission of Radiation
MIC	engl.: Measuring Ionization Chamber
MIREX	engl.: Measuring Infrared Extinction
NTS	Fachgebiet Nachrichtentechnische Systeme
RDG	Rayleigh-Debye-Gans
TF	Testfeuer nach EN54

Literaturverzeichnis

[1] Astrophysical Institute of the Friedrich Schiller University, *Database of Optical Constants (JPDOC)*, [Elektr.-schr.], http://www.astro.uni-jena.de/Laboratory/Database/jpdoc/, Jena, Stand 16. Mai 2007

[2] Ankara, Z., Multi Gas Sensor Systems for Security Applications and Warning Systems, *Proceedings, AUBE'09 Konferenz*, Duisburg, Deutschland, 2009

[3] Förter-Barth, U., Teipel, U., *VFI*, Laserbeugungsspektrometrie und dynamische Lichtstreuung, 2. Ausgabe, Baltz-Verlag, 1999

[4] Beer, S., Helwig, A., Legner, W., Müller, G., Infrared-based Fire Gas Detection Systems, *Proceedings, AUBE'09 Konferenz*, Duisburg, Deutschland, 2009

[5] Bellavia, N., Detection in Difficult Environments, *Proceedings, AUBE'99 Konferenz*, Duisburg, Deutschland, 1999

[6] Berentsen, M., Kaiser, Th., Fire Location Estimation using Temperature Sensor Arrays, *Proceedings, AUBE'01 Konferenz*, Duisburg, Deutschland, 2001

[7] Berentsen, M., Kaiser, Th., Wang, S., Advanced Signal Processing on Temperature Sensor Arrays for Fire Location Estimation, *Proceedings, AUBE'04 Konferenz*, Duisburg, Deutschland, 2004

[8] Bergmann, Schaefer, *Lehrbuch der Experimentalphysik*, Band 3, Optik, de Gruyter, 1987

[9] Bohren, C., Huffman, D., *Absorption and Scattering of Light by Small Particles*, John Wiley & Sons, 1983

[10] Blum, K., *Charakterisierung der Partikelphase eines Aerosols durch Laserstreulichtmessungen in Abhängigkeit vom Streuwinkel*, Dissertation, Fachbereich Elektrotechnik, Universität Gesamthochschule Duisburg, 1988

[11] Chang, H., Charalampopoulus, T.T., Determination of the Wavelength Dependence of Refractive Indices of Flame Soot, *Proceedings Mathematical and Physical Sciences*, Volume 430, Isuue 1880, September 1990

[12] Chuang, C.C., Grant, K.E., *Proceedings, Tenth ARM Science Team Meeting*, Simulations of Optical Properties of Dust and Sea Salt for Use in Global Climate Models, Texas, 2000

[13] Churches D., *Multi-Criteria Polarized Optical Smoke Sensor*, Proceedings AUBE'04 Konferenz, Duisburg, Deutschland, 2004

[14] Cole, M., Aerosol Characterisation for Reliable ASD Operation, *Proceedings, AUBE'09 Konferenz*, Duisburg, Deutschland, 2009

[15] Deutsches Institut für Normung e.V. *Begriffe aus dem Feuerwehrwesen: Physikalische und chemische Vorgänge* [Elektr.-schr.] DIN 14011, Teil 1, Berlin, Köln: Beuth Verlag GmbH, Juli 1977

[16] Dohi, M., Nagashima, T., A Flat Shape Scattering Smoke Detector with a Function to Discriminate the Type of Fire, *Proceedings, AUBE'09 Konferenz*, Duisburg, Deutschland, 2009

[17] Dunkelmann, S., Camera Based Fire Detection: A Method Challenged by Air-Borne Requirements, *EUSAS Journal*, No. 5, Duisburg, 2009

[18] Duric, A., Ebner, H., Forster, M., Vinage, I., Development of a Multi-Sensor Detector for Fire Detection and Life Safety Applications, *Proceedings, AUBE'09 Konferenz*, Duisburg, Deutschland, 2009

[19] Fissan, H., Christof, A., Kuhlbusch, Th., Particle Surface Area Concentration Measurement for Smoke Characterisation, *Proceedings AUBE'09 Konferenz*, Duisburg, Deutschland, 2009

[20] Franken, D., *Modellierung und Optimierung eines integralen Meßverfahrens zur Partikelgrößenanalyse durch gezielte Aufladung der Aerosolpartikel*, Dissertation, Fachgebiet Nachrichtentechnik, Gerhard Mercator Universität Duisburg, Shaker Verlag, 2000

[21] Friedlander S., *Smoke, Dust, and Haze*, Second Edition, Oxford University Press, 2000

[22] Fujisawa T., Suzuki T., Yoshikawa Y., Ohkuma S., *Proceedings, AUBE'04 Konferenz*, Optical Smoke Detector Using Dual Light Spectrum, Duisburg, 2004

[23] Fuzzi, S., et al., The Po Valley Fog Experiment 1989, *Tellus B*, Vol. 44, Issue 5, Seiten 448 bis 468, Munksgaard, 1992

[24] Gerber, H., Supersaturation and Droplet Spectral Evolution in Fog, *Journal of the Atmospheric Sciences*, Ausgabe 48, Seiten 2569 bis 2588, AMS, 1991

[25] Guillemant, P.; Vicente, J.; Real time identification of smoke images by clustering motions on a fractal curve with a temporal embedding method; *Optical Engineering*, vol.40, no. 4, pp 554-563, 2001

[26] Gockel F., *Ein allgemeines Modell für Brandsensoren im Gehäuse*, Dissertation, Fachgebiet Nachrichtentechnische Systeme, Universität Duisburg-Essen, 2001

[27] de Haan, G. *Video Processing for multimedia systems, 3rd Edition* Eindhoven: University Press Eindhoven, 2003

[28] Haberäcker, Peter *Praxis der Digitalen Bildverarbeitung und Mustererkennung* München, Wien: C. Hanser Verl., 1995

[29] Hecht, Eugene *Optik*, 4. überarbeitete Auflage, Oldenburg Verl., 2005

[30] Hemingway, M., et. al., An Improved Fire Detector for use in Underground Coalmines, *Proceedings, AUBE'09 Konferenz*, Duisburg, Deutschland, 2009

[31] Ioffe Physico-Technical Institute, *n, k database*, [Elektr.-schr.], http://www.ioffe.ru/SVA/NSM/nk/index.html , St Petersburg, Stand 16. Mai 2007

[32] Jähne, Bernd *Digitale Bildverarbeitung*, 6. überarbeitete und erweiterte Auflage, Springer Verl., 2005

[33] Kaiser, Th., Wang, D., Eikermann, L., Ortsbestimmung von Bränden mit Temperatursensorgruppen, *Proceedings, AUBE'99 Konferenz*, Duisburg, Deutschland, 1999

[34] Kalashnikova, O.V., Sokolik, I. N., Modeling the scattering phase function of mineral dust for remote sensing applications, *Proceedings of the 6th Conference on Electromagnetic and Light Scattering by Nonspherical particles*, Gainesville, Florida, March 2002

[35] Kalashnikova, O.V., Sokolik, I. N., Importance of shapes and compositions of wind-blown dust particles for remote sensing at solar wavelengths, *Geophysical Research Letters*, Vol. 29, No. 10, 2002

[36] Keller A., Burtscher H., Loepfe M., Nebiker P., Pleisch R., An apparatus for light scattering studies of smoke particles, *Proceedings AUBE'04 Konferenz*, Duisburg, Deutschland, 2004

[37] Kelleter, J., Fire Gas Detection – Practical Aspects, *EUSAS Journal*, No. 5, Duisburg, 2009

[38] Kelleter, J., Fire-Gas Monitoring inside large industrial Buildings – FireLaser, *Proceedings, AUBE'09 Konferenz*, Duisburg, Deutschland, 2009

[39] Kerker, Milton *The scattering of light and other electromagnetic radiation* New York, London: Academic Press, 1969

[40] Kohl, D., Kelleter, J., Petig, H., Detection of Fires by Gas Sensors, *Sensors update: sensor technology, applications, markets*, Vol. 9, Seiten 161-223, Weinheim, Wiley Verlag, 2001

[41] Kraus, F.J., *Verfahren zur Bestimmung der Partikelgrößenverteilung polydisperser Aerosole*, Dissertation, Fachbereich Elektrotechnik, Gesamthochschule Duisburg, 1976

[42] Krippendorf T., Streulicht mit mehreren Streuwinkeln, *AUBE'99 Konferenz*, Duisburg, Deutschland, 1999

[43] Krüll, Wolfgang, *Das Duisburger Brandentdeckungs-Laboratorium* [Elektr.-schr.] http://nts.uni-duisburg.de/mitarbeiter/kruell/bel.html

[44] Kubalek, E., *Einführung in die Werkstoffe der Elektrotechnik* [Masch.-schr.] Skript zur Vorlesung. Duisburg, 1995

[45] Kubalek, E., *Werkstoffe der Elektrotechnik 1* [Masch.-schr.] Skript zur Vorlesung. Duisburg, 1992

[46] Kubalek, E., *Werkstoffe der Elektrotechnik 2* [Masch.-schr.] Skript zur Vorlesung. Duisburg, 1997

[47] Landau, L.D., Lifschitz, E.M., *Lehrbuch der Theoretischen Physik*, Band 2, Klassische Feldtheorie, 12. Auflage, Harri Deutsch, 1997

[48] Laven, Philip *MiePlot v3.5.01*, http://www.philiplaven.com/mieplot.htm, Oktober 2006

[49] Leisten, V., Bebermeier, I., Oldorf, C., Camera-based Fire Verification System (CFVS) for Aircraft Components, *Proceedings, AUBE'04 Konferenz*, Duisburg, 2004

[50] Levoni, C., et.al. , Atmospheric Aerosol Optical Properties: a Database of Radiative Characteristics for Different Components and Classe, *Applied Optics*, Vol. 36, 1997

[51] Loepfe M., Ryser P., Tompkin C., Wieser D., Optical Properties of Fire and Non-fire Aerosols, *Fire Safety Journal*, 29:185-194, 1997

[52] Litton, C.D., The Use of Light Scattering and Ion Chamber Responses for the Detection of Fires in Diesel Contaminated Atmospheres, *Fire Safety Journal*, Vol. 37, 409-425, 2002

[53] Litton, C.D., et al. Combined Optical and Ionization Measurement Techniques for Inexpensive Characterization of Micrometer and Submicrometer Aerosols, *Aerosol Science and Technology*, Vol. 38:11, 1054-1062, 2004

[54] Luck, H., *Theoretische Grundlagen der Nachrichtentechnik 1-4* 1. Entwurf. [Masch.-schr.] Skript zur Vorlesung, Duisburg, 2001

[55] Lynch, D., Livingston, W., *Color and Light in Nature*, 2. Auflage, Cambridge, 2001

[56] Mie, Gustav *Annalen der Physik: Beiträge zur Optik trüber Medien, speziell kolloidaler Metallösungen* Vierte Folge, Band 25: 1908

[57] Mishchenko, M., Hovenier, J., Travis, L., *Light Scattering by Nonspherical Particles*, Academic Press, 2000

[58] Momma, E., Ono, T., Ishii, H., Ozawa, S., Hozumi, J., Tunnel Car Fire Detection using Haar-like Features, *Proceedings AUBE'09 Konferenz*, Duisburg, Deutschland, 2009

[59] Mulholland, G.W. *The SFPE Handbook of Fire Protection Engineering*, Smoke Production and Properties, Seiten 2-217 bis 2-227, 2nd Edition, NFPA, 1995

[60] Noda, S., Ueda, S., Fire Detection in Tunnels using an Image Processing Method, *Proceedings of the IEEE 1994 Vehicle Navigation Information Systems Conference*, Seiten 57-62, Yokohama, 1994

[61] Noone, K., et al., Changes in Aerosol Size- and Phase Distributions due to Physical and Chemical Processes in Fog, *Tellus B*, Vol. 44, Issue 5, Seiten 489 bis 504, Munksgaard, 1992

[62] Ohm, Jens-Rainer *Digitale Bildcodierung: Repräsentation, Kompression und Übertragung von Bildsignalen* Berlin, Heidelberg, New York: Springer Verl., 1995

[63] Particle Technology limited *Certificate of Conformance Standard Test Dust ISO 12103 Pt1 A1 UltraFine*, England, Juli 2002

[64] Particle Technology limited *Certificate of Conformance Standard Test Dust ISO 12103 Pt1 A2 Fine*, England, Oktober 2002

[65] Pedroti, F.; Pedroti, L.; Bausch, W. und Schmidt, H., *Optik für Ingenieure, Grundlagen*, Dritte Auflage: Springer Verl., 2005

[66] Pohl, R.W., *Optik und Atomphysik*, 12. Auflage, Springer, 1967

[67] Pohl, R.W., *Mechanik - Akustik und Wärmelehre*, 17. Auflage, Springer, 1969

[68] Rexfort C., *A Contribution to Fire Detection Modelling and Simulation*, Dissertation, Fachgebiet Nachrichtentechnische Systeme, Universität Duisburg-Essen, 2004

[69] Rieck, K., *Polarisation von Licht im Physikunterricht: Ein Elementarisierungsansatz zur Einführung in quantenphysikalische Begriffe und Prinzipien*, Dissertation, Fachbereich Physik, Universität Kassel, 2003

[70] Riemer A., Politze H., Krippendorf T., Realisation of a wide-range optical detector using different wavelength and severall scattering angles, *Proceedings, AUBE'04 Konferenz*, Duisburg, Deutschland, 2004

[71] Schremmer, Ulf, *Brandmeldeanlagen und Löschsteuerungstechnik*, Skript zur Vorlesung, Ver. 2008-1, Wuppertal, 2008

[72] Schultze, Th., *Untersuchungen zur Audio-Video-Detektion von offenen Bränden*, Diplomarbeit, Fachgebiet Nachrichtentechnische Systeme Universität Duisburg-Essen, Duisburg, 2003

[73] Schultze, Th., Willms, I., Smoke and Dust Monitoring by a Microscope Video Sensor, *Proceedings, AUBE'04 Konferenz*, Duisburg, 2004

[74] Schultze, Th., Willms, I., Towards Microspcope-Video-Based Fire Detection, *Proceedings of the 39th Annual IEEE 2005 International Carnahan Conference on Security Technilogy*, Duisburg, 2004

[75] Schultze, Th., Willms, I., Fehlalarmanalyse mittels neuer Bildsensorik zur Aerosolklassifikation, *58. Jahresfachtagung der vfdb*, Mannheim, 2009

[76] Schumann, Th., Heimgartner, R., Fog and Cloud Droplet Spectra Measured with a Low-cost Optical Particle Counter, *Journal of Aerosol Science*, Vol. 20., No.8, Seiten 1221 bis 1224, Pergamon Press, 1989

[77] Sievert, U., *Entwicklung eines unipolaren Aerosolaufladers mit hoher Dynamik zur Bestimmung der Partikelgrößenverteilung am strömenden Aerosol*, Dissertation, Fachgebiet Nachrichtentechnik, Gerhard Mercator Universität Duisburg, Herbert Utz Verlag, 1998

[78] Skolnik, M., *Radar Handbook*, Second Edition, Seiten 11.2 - 11.18, McGraw-Hill, Inc., 1990

[79] Smyth, K.C., Shaddix, C., The Elusive History of $\tilde{m} = 1.57 - 0.56i$ for the Refractive Index of Soot, *Combustion and Flame*, Volume 107, Elsevier, 1996

[80] Sokolik, I., et al, Complex Refractive Index of Atmospheric Dust Aerosols, *Atmospheric Environment*, Vol. 27A, No. 16, Seiten 2495 bis 2502, Großbritannien, Pergamon Press, 1993

[81] Sorensen, C. M., Light Scattering by Fractal Aggregates: A Review, *Aerosol Science and Technology*, Vol. 35, Seiten 648 bis 687, 2001

[82] Sviridenkov, M.A., et al, *Atmospheric Environment*, Size Distributions of Dust Aerosol Measured During the Soviet-American Experiment in Tadzhikistan, 1989, Vol. 27A, No. 16, Seiten 2481 bis 2486, Großbritannien, Pergamon Press, 1993

[83] Twomey, S., *Atmospheric Aerosols*, Elsevier, 1977

[84] Ulaby, F., Moore, R., Fung, A., *Microwave Remote Sensing, Active and Passive*, Vol.1, Addison-Wesley, 1981

[85] Vowinkel, B., *Passive Mikrowellenradiometrie*, Vieweg, 1988

[86] Weinert D., Cleary T., Mulholland G., Beever P., Light Scattering Characteristics and Size distribution of Smoke and Nuisance Aerosols, *Fire Safety Science-Proceedings of the Seventh International Symposium* pp209-220, 15-19 Juni 2002, Worcester, MA, USA

[87] Weinert D., Cleary T., Mulholland G., Size Distribution and Light Scattering Properties of Test Smokes, *Proceedings AUBE Conference 2001*, Gaithersburg, USA, 2001

[88] Weinert D., Cleary T., Mulholland G., An apparatus for light scattering studies of smoke particles, *Proceedings AUBE Conference 2001, Gaithersburg*, USA, 2001

[89] Wieser, D., Brupbacher, Th., Smoke Detection in Tunnels using Video Images, *Proceedings AUBE Conference 2001*, Gaithersburg, USA, 2001

[90] Willms, I., Herausgeber, *EUSAS Journal*, No. 5, Duisburg, 2009

[91] Willms, I., Luck, H., Herausgeber, *Proceedings, AUBE'09 Konferenz*, Duisburg, Deutschland, 2009

[92] Wolff, I., *Maxwellsche Theorie*, 4. überarbeitete Auflage: Springer Verl., 1997

[93] Xue-Ming, S., Hong-Yong, Y., Guo-Feng, S., Jun, F., A New Method of Laser Sheet Imaging-Based Smoke Particles Detection, *Proceedings, AUBE'04 Konferenz*, Duisburg, 2004

[94] Xue-Ming, S., Hong-Yong, Y., Guo-Feng, S., Jun, F., Furu, Z., A New Method of Laser Sheet Imaging-Based Smoke Particles Detection, *Journal of Fire Sciences*, Vol. 24, Seiten 95-104, Sage Publications, London, 2006

[95] Yang, P, et.al., *Modeling of the Scattering and Radiative Properties of Nonspherical Dust-like Aerosols*, Journal of Aerosol Science, Band 38, Elsevier, 2007

[96] Zakrzewski, R., Sadok, M., Zeliff, B., Video-based Cargo Fire Verification System for Commercial Aircraft, *Proceedings, AUBE'04 Konferenz*, Duisburg, 2004

Patente und Normen

[97] Patentschrift CH 682 428 A5, *Optischer Rauchmelder*, Cerberus AG, Anmeldung 1991

[98] Offenlegungsschrift DE 102 46 756 A1, *Branderkennungsverfahren und Brandmelder zu dessen Durchführung*, Esser-Eff-Eff Alarm GmbH, Anmeldung 2002

[99] Deutsches Patent- und Markenamt, DE 197 41 853 A1, *Rauchmelder* , Robert Bosch GmbH, Anmeldung 1997

[100] Offenlegungsschrift DE 199 02 319 A1, *Streulichtbrandmelder*, Caradon Esser GmbH, Anmeldung 1999

[101] Europäische Patentanmeldung 0 530 723 A1, *Optischer Rauchmelder mit aktiver Überwachung*, Cerberus AG, Anmeldung 1992

[102] European Patent Application EP0 877 345 A2, *Smoke sensor and monitor control system*, Nittan Company Limited, Anmeldung 1998

[103] Europaeische Patentanmeldung EP0 926 646 A1, Europaeische Patentschrift EP0 926 646 B1, *Optischer Rauchmelder*, Siemens Building Technologies, Anmeldung 1997

[104] Europäische Patentschrift EP 1 022 700 B1, *Streulichtbrandmelder*, Novar GmbH, Anmeldung 2000

[105] Europäische Patentanmeldung EP1 087 352 A1, *Optischer Rauchmelder*, Siemens Building Technologies AG, Anmeldung 1999

[106] Europäische Patentanmeldung EP1 191 496 A1, *Streulichtrauchmelder* , Robert Bosch GmbH, Anmeldung 2001

[107] Europäische Patentanmeldung EP1 376 505 A1, *Brandmelder* , Siemens Building Technologies AG, Anmeldung 2002

[108] United States Patent Application Publication US2007/0285264 A1, *Smoke Detectors Particularly Ducted Smoke Detectors*, Martin Terence Cole, Publiziert 2007

[109] United States Patent Application Publication US2008/0001768 A1, *Particle Monitors and Methods Therefor*, Martin Terence Cole, Publiziert 2008

[110] World Intellectual Property Organization WO 01/59737 A1, *Improvement(s) Related to Smoke Detectors Particularly Ducted Smoke Detectors*, Martin Terence Cole, Publiziert 2001

[111] World Intellectual Property Organization WO 2008/064396 A1, *Improvement(s) Related to Particle Monitors and Method(s) Therefor*, Siemens Schweiz AG, Publiziert 2008

[112] CEN - The European Committee for Standardization, *EN54 part9: Bestandteile automatischer Brandmeldeanlagen*, 1984